新知
图书馆

神秘天气
55个天气改变历史的故事

［美］劳拉·李 著

蔡和兵
林文鹏 译

上海科学技术文献出版社
Shanghai Scientific and Technological Literature Press

图书在版编目（CIP）数据

神秘天气：55 个天气改变历史的故事 /（美）劳拉·李著；
蔡和兵，林文鹏译 . —上海：上海科学技术文献出版社，2021
（新知图书馆）
ISBN 978-7-5439-8179-9

Ⅰ . ①神… Ⅱ . ①劳… ②蔡… ③林… Ⅲ . ①天气—普
及读物 Ⅳ . ① P44-49

中国版本图书馆 CIP 数据核字（2020）第 160986 号

Blame It on the Rain: How the Weather Has Changed History
by Laura Lee

BLAME IT ON THE RAIN: How the Weather has Changed History by Laura Lee
Copyright © 2006 by Laura Lee
Simplified Chinese Translation copyright © 2020 Shanghai Scientific & Technological
Literature Press
Published by arrangement with HarperCollins Publishers, USA
through Bardon-Chinese Media Agency
博达著作权代理有限公司

All Rights Reserved

图字：09-2020-863

策划编辑：张　树
责任编辑：付婷婷　张亚妮
封面设计：李　楠

神秘天气：55 个天气改变历史的故事
SHENMI TIANQI: 55 GE TIANQI GAIBIAN LISHI DE GUSHI
[美]劳拉·李 著　蔡和兵　林文鹏　译
出版发行：上海科学技术文献出版社
地　　址：上海市长乐路 746 号
邮政编码：200040
经　　销：全国新华书店
印　　刷：常熟市人民印刷有限公司
开　　本：720mm×1000mm　1/16
印　　张：12.75
字　　数：201 000
版　　次：2021 年 1 月第 1 版　2021 年 1 月第 1 次印刷
书　　号：ISBN 978-7-5439-8179-9
定　　价：45.00 元
http://www.sstlp.com

前言

> 俄罗斯有两位可以信赖的将军：一月将军和二月将军。
>
> ——沙皇尼古拉一世

多年来，俄罗斯一直拥有一件秘密武器，这件武器比使俄罗斯成为世界超级大国的核弹头威力更强大。似乎当所有的希望都丧失、战争伤亡不断增加的时候，有一场冷战俄罗斯人总能取胜——与大自然的战争。俄罗斯人为他们的恐怖天气而骄傲，他们描述零下40℃的日子时就像渔夫在描述捕获一条特别大的枪鱼一样充满自豪。地球上最冷的城市雅库茨克就在俄罗斯境内。有趣的是，一位英国研究人员发现英国人比俄罗斯人更容易死于寒冷。为什么？因为西伯利亚人对室外的寒冷已经习以为常。西伯利亚的寒冷众人皆知，就像人人都知道比尔·盖茨很有钱一样。在一月，一个典型的雅库茨克人不会在穿少于4.26件衣服的情况下冒险出门（这个数据是一个科学家计算出的平均值。当然，他们不会把一件衣服切成四份），而一个伦敦人最多穿一件夹克就出门了。对严寒气候条件的适应能力帮了俄罗斯人的大忙。事实上，如果不是因为他们的这种技能，俄罗斯人如今可能正说着法语呢。

1812年，拿破仑调集了欧洲前所未有的大规模军队——超过60万的精兵强将，计划勇往直前地打到莫斯科。他根本不担心冬季的来临。拿破仑的信心在他的士兵占领莫斯科时显得那么合情合理。他们洗劫了这座城市，准备把偷来的珠宝和毛皮作为战利品献给他们国内的妻子。

然而，拿破仑唯一忽略的因素此后开始变得异常醒目：俄罗斯变得非常非常寒冷。拿破仑的士兵满载战利品离开这座沦为废墟的城市时，气温降到了零下40℃。霜冻和饥饿拖垮了不少士兵，在24小时之内，就有5万匹马被冻死。这些男人们把准备献给妻子的战利品全拿出来裹在身上还是无济于事。拿破仑帝国的终结就此开始，俄罗斯作为一个欧洲列强崭露头角。

拿破仑并不是最后一位低估气候力量这种"军事武器"的人。阿道夫·希特勒显然没有吸取教训。希特勒决定重复拿破仑对莫斯科的攻击，于是也重现了冻得要死的这一幕。1941 年 9 月，"台风行动"（以极端天气命名的众多军事行动之一）横扫苏联。德国军队对打败斯大林如此自信以至于他们带好了在红场举行胜利阅兵时要穿的军礼服。不过，他们却没有随身带上冬季服装。12 月初，俄罗斯大雪纷飞，气温降到了零下 35℃。还穿着夏季服装的德国士兵试图在地下挖掘出栖身之所，不过地面冻结，他们没有成功。德国的军事武器并不是为在冰雪寒霜的条件下作战而设计的——补给车辆损坏、铁轨碎裂、飞机无法起飞，机关枪也被冻住了。反之，养精蓄锐的西伯利亚人却一生都生活在这样的条件下。穿着毡毛靴子和温暖的大衣，驾驶着特意为冰雪天气而设计的坦克，他们向冻得瑟瑟发抖的德军发起了反攻。严寒好不容易开始减弱，德军却又遭遇了俄罗斯的另一大特色——大沼泽地。

　　大沼泽地是指一年之中冰雪消融时，道路变成无法通行的泥沼。我们知道，俄罗斯的气温上下变化的速度快得惊人，前一小时还在冰点以下，后一小时就已经升到冰点以上，不过很快又猛跌下来，这样的变化导致地面出现无数的泥潭。你很难发现这些泥洞，因为它们全是烂泥和冰块，而上面则覆盖着土堆或雪。这足以让希特勒反思这次征服的价值，不过当他认识到自己的错误时为时已晚。他在莫斯科郊外以及斯大林格勒（今伏尔加格勒）的失败都是天气帮了俄罗斯人，这两次战役也成了战争的转折点。

　　讨论天气已被等同于无意义的唠叨，但不要轻易上当。风的威力可以塑造国家或文化。阴暗的天空会影响到人们的态度和期望。雨水有能力改变我们的心情或让人入院治疗，甚至还能改变历史。

　　谈论天气并不总是那么微不足道。对于我们的祖先，与自然保持协调不是一种选择，而是一种必然。天气决定了何时出航、何时播种、何时猎食，以及何时冒险进入漫漫荒野，这些都是生死攸关的决定。极端的天气之后往往会爆发大规模的社会动荡。你会在本书中读到政府因为天气原因诱发的瘟疫而倒台，极度炎热引起暴动以及雷电导致宗教恐慌。

　　今天，除了天气频道的工作人员，我们往往把气象预报这种事留给别人。我们从一种气候环境进入另外一种气候环境时，几乎很少注意到当地新闻里站得笔挺、充满激情的气象主播一边手指电子地图，一边说着俏皮话。把对天气的关注留给专业人员的同时，我们可能没有意识到天气还在悄悄地或者并不那么含蓄地影响着我们的生活。

孟德斯鸠是最早调查气候对社会影响的人之一。在 1748 年的著作《论法的精神》中，曾对人类性格和政府与影响它们的气候之间的关系进行比较。他总结说，生活在寒冷国家的人对细微的体验或细腻的情感并不敏锐，而生活在较温暖气候区的人，其情感更加外露和多变。孟德斯鸠的观察可能太笼统，不过社会学家、考古学家、精神病学家以及医生都在探索气候与社会之间的关系以及天气如何影响我们的日常生活。

气温会影响一个国家的传统服饰和文化。在芬兰穿草裙与在夏威夷戴皮帽一样显得荒唐。如果英国的降雨更像热带地区的布隆迪，那么圆顶硬礼帽和雨伞也不会成为英国商人的特征。人们用神和宗教寓言来解释潮汐、洪水以及风暴。世界上的主要节日大多与季节变化和收获有关。诗歌、散文、音乐以及视觉艺术很大程度上都在表达天气的美丽和狂暴。英语中充满了"身体不适"（under the weather）及"无比幸福"（on cloud nine）[美国气象服务中，cloud nine（9 号云系）是"积雨云"的特定代号，积雨云的位置最高，因此就成了"处在世界顶峰""情绪高涨"的代名词] 等说法。

我们的食物受气候的左右，当收成因天气而减少时，整个村庄都可能因此而迁移。阳光的充沛与否能决定商业的兴衰，气候也是美国电影业从新泽西的利堡迁往好莱坞的原因之一。

领袖的命运起伏往往与天气的反复无常有关。这不仅仅是因为他们在战场上的胜负基于天气，而且暴风雨还会影响投票箱。政治战略家花大量的时间推测大雨将如何影响选民的投票结果，以及谁会从中受益。

当我们大多数人满足于找到更好的方式适应天气时，某些战略家已经在试图控制它。最近一份解密的国防部报告《天气是军事力量的倍增器：在 2025 年掌控天气》不仅描述了最新的天气预报手段，而且还包括如何制造风暴的技术。其实，人们尝试控制天气已经付出了几辈人的努力。空调使城市即使在最热的气温条件下也能保持繁荣，除雪或造雪机械可以消除滑雪场的危险。不要认为军队会等到 2025 年才去篡改天空。早在 1957 年艾森豪威尔总统顾问委员会发表的一份报告中称，天气控制或许将成为"比原子弹更重要的武器"。美国在 1966 年获得了一次尝试的机会：为了使胡志明小道——越南人的主要补给路线——变得更加泥泞，"突眼计划"向越南天空的云层施放了一种致雨剂以延长雨季。

即便我们无意改变天气，人类的活动或多或少总会对天气产生影响。土地使用的模式——过度放牧草地、犁耕草原、灌溉农田——都极大地左右了当地的天气；绵延的水泥路面以及城市释放的热量也在形成自身的天气系统；喷气式飞机将人造云留在天空。2001 年 9 月 11 日之后，科学家发现美国世贸双塔消失后，曼哈顿上空的雷电模式也发生了改变。

我们似乎不只是在承受大自然的支配，而是我们与大自然紧密地结合在一起。人类社会的存在不可能不影响我们周围的空气，而我们对天空所做的一切最终注定要像雨水一样降落到我们的身上。人类社会由天气塑造，再影响天气，最后人类必须做出调整以适应这些新创造的模式。我们每个人只是这复杂而彼此息息相关的体系中微小的一分子。

书中后面的章节我们将探索人类历史长河中某些重要时刻如何受到气候、天气模式以及风暴的影响。只对某一特定地区造成破坏却没有重大历史意义的风暴不在讨论之列，也不包括自然界的地理灾难而非气象灾难，如地震、海啸、火山喷发（除非它们对天气构成影响）。

我并非认同天气是本书所述事件的唯一原因。那样就太过于片面。当各种因素汇聚在一起，一场来得不是时候的台风就可能使战争的天平倒向一方，而这种结局则可能产生深远的影响。

目录

1 人类曾与灭绝擦身而过

我们人类很刚愎自用。我们往往把这个世界及其历史甚至史前都看作是通往那个伟大的时刻——人类将至高无上地统治一切。这似乎也成了创造的终极目标。

幽默大师道格拉斯·亚当斯曾评价说："这就好比你想象一堆烂泥某天早晨醒过来时想，'我待的这个世界真有趣——我待的这个坑真有趣，大小正好适合我，不是吗？……这肯定是为了让我待在里面而特意制造的！'"

尽管可能有些令人难以接受，事实上，我们在这个星球上的卓越表现并非预先注定的。我们人类的祖先本来也可能步恐龙的后尘，而他们确实差点就和恐龙一样灭绝了。

自从地球上有生命以来，经历了几次大规模的灭亡期。曾经占主导地位的物种遭到毁灭，让位于另一种新的物种。最后一次这样的大规模灭亡发生在6500万年前，恐龙灭绝，哺乳动物取而代之。地理学家和考古学家尽毕生之力探索大灭亡的原因。目前认同度较高的理论认为，自然灾害造成的极端气候条件应该是许多大灭亡的罪魁祸首。

一颗失控的流星撞击墨西哥的尤卡坦半岛，在地表砸开了一个直径180千米、深900米的陨石坑。这一撞击相当于1亿颗氢弹爆炸产生的当量——热能使海水蒸发，使大气层水汽饱和。超热气流向外扩散，撞击产生的尘埃波及并覆盖了今天美国的堪萨斯州，冲入大气层、包裹地球、阻碍了阳光、使地球变冷。植物因无法进行光合作用而死亡，靠植物为生的生物也随之死亡。这就是所谓的"大灭绝"。当时近90%的生物永远消失了。对我们而言，幸运的是，幸存下来的物种之一犬齿兽——就是现代哺乳动物的祖先。

在大约7万年前，人类与灭绝擦身而过。DNA研究表明，人类曾经出现过人口危机，有时又称为人口瓶颈。科学家试图弄清为何人类的基因差异如此微小，即便是一群黑猩猩或者一个大猩猩家族的基因差异也比整个60亿人口的基因差异大。这说明在人类的某个时期能生育的女性数量很小。一项研究认为，整个人类的女性数量曾一度减少到只有500人。两万年后，人口数量才恢复到这个瓶颈期之前的水平。

造成瓶颈的原因是4.5亿年前一次最大的火山爆发。位于今天印度尼西亚苏门答腊岛的托巴火山爆发，产生了一个10千米宽的大洞，腾起的烟雾高达30千米，喷发的岩浆和火山灰甚至降落到格陵兰岛。足够修建100万座埃及金字塔的约2800立方千米熔岩被抛入大气层，火山灰像毯子一样遮蔽了太阳，全球气温下降12℃。火山冬季持续了6年，在此期间的积雪增多，进一步反射太阳的光芒，使得地面无法吸收热能，地球于是变得更冷。长达千年的冰期开始了。

部分研究人员推测，已经处于发展过程的冰期是火山爆发的原因，而不是结果。冰期可能造成海平面下降，减轻了火山上的压力，导致火山喷发，就像一瓶香槟拔掉了塞子。爆发的结果进一步加速了冰川的发展，气候系统由暖变寒。冰川形成后，海平面进一步下降。暴露的土壤被风带走，沙尘暴怒啸数日，致使无数动植物死亡。

智人（现代人的学名）也差点重蹈尼安德特人（又称穴居人）以及其他灭绝人种的覆辙，不过少数强健的个体在非洲、欧洲以及亚洲的孤立地区存活了下来。于是，我们的人口就只保留下人类曾经具有的大量基因中的小部分。

这样的爆发还会发生吗？不仅会发生，而且几乎是必然。下一次火山超级爆发最有可能的地点就是美国黄石国家公园。吸引着大批游客的喷泉、温泉以及山脉是由宽20千米、深2900千米的巨大地下岩浆房形成的——几乎深达地心距离的一半。黄石火山已经爆发了3次，每次间隔60万年左右。最后一次60万年的时间点是距今40万年前。黄石仅仅是40个超级火山点之一，不过其中大部分都已成为死火山，而且其他火山点距人口密集区域也没有如此之近。

科学家说，黄石火山爆发释放出的能量将超过地球上核武器的总和。冲击波造成的巨大声响远在英国都听得到。大约10万人会立即送命。有毒气体和火山灰将进入大气层，并在几小时内降落到美国西部的所有地区。它们还将随风继续在全球扩散，导致火山冬季。它可能发生在下一周，或者20万年后。

2　诺亚洪水真的发生过吗

在所有可能改变历史的气象事件中，影响最大的非诺亚洪水莫属。洪水淹没了所有的生灵，除了诺亚一家以及每种动物雌雄各一对。然而，《圣经》中记载的这次洪水真的发生过吗？

《诺亚洪水》一书的两位作者威廉·莱恩和沃尔特·比特曼认为，确实有过一次大洪水激发了诺亚洪水故事以及世界各地洪水传说的灵感，希腊、埃及以及巴比伦文明中有超过 200 个类似的洪水神话。《吉尔伽美什》是公元前 2000 年左右苏美尔人雕刻在泥片上的史诗，其中就提到苏美尔人的国王吉尔伽美什曾受到神的提醒，要建造一艘巨船以保护地球上所有的生灵，免遭即将到来的洪水毁灭。

所有这些故事很可能有一个共同的来源——一次似乎将整个世界都淹没的泛滥洪水。这个突发性灾害的故事在民间代代相传，并且在每一次复述中变得更具戏剧性。科研人员认为，他们已经找到了能证明此次事件真实性的证据，这次洪水发生在大约 7.5 万年前的黑海周围。

化石证据显示，在此之前，黑海是一个吸纳冰川融水的中等规模淡水湖。沿岸有无数的定居点，一条小山脊将它与马尔马拉海隔开。然而就在突然之间，黑海的化石从淡水软体动物变成了海水软体动物。科考家罗伯特·巴拉德利用声呐和遥控水下相机进行的研究表明，距目前土耳其沿海 167 米远处，存在一条海岸线。那里挖掘出来的石器、泥和树枝编成的篱笆墙以及陶瓷碎片在海下埋藏了数千年。

部分学者推测，这片水域——我们姑且称之为"黑湖"，其沿岸或许就是文明的摇篮。这里的土地比中东的美索不达米亚平原更加肥沃。手工业、语言类别以及种族关系可以被认为是一次洪水暴发后人们从黑海区域向四处迁移而形成的。当然，这个理论还颇有争议。不过，科学家们几乎都不怀疑黑湖周围曾经存在聚居区，而且它们全部被一次大洪水冲毁了。

到底发生了什么？在最后一次冰期，冰河从北极一直向南延伸到美国芝加哥和纽约。地球上的大部分水都冻结了，洋面要比今天低大约 122 米。随着冰期的结束，冰河开始解冻，地中海的海面升高，海水开始流进马尔马拉海。随着马尔马拉海海水上涨，分隔它与黑湖的山脊承受的压力越来越大。最后，这道天然的大坝决口了。

海水以超过尼亚加拉瀑布 20 万倍的力量冲泻而出。水流咆哮声至少在 160千米以外都能听到。每天有大约 42 立方千米的海水涌入湖泊。结果，今天的土耳其、保加利亚、摩尔多瓦、乌克兰、俄罗斯以及乔治亚共和国等地的黑湖沿岸村庄全被淹没。海水的灌入以及蒸发造成了这些地区的雨量猛增。村民们逃往高地，但水还在不断涌来，每天都会推进 800 米。等到最后两处水面持平，黑湖已经变成了咸水海，比以前高出了 150 米。

难道这就是诺亚洪水故事的来源吗？现在已经无从知晓。如果是，它也已经口口相传了 10 万代人，其中的细节很容易有出入。你也知道你的家族故事仅仅过了一代之后就变得多么不同。

加拿大马尼托巴省温尼伯市阿瓦隆应用科学院的瓦伦蒂娜·扬科·洪巴赫以及莫斯科地理研究所的安德里·切帕利加认为，这场洪水远没有莱恩和比特曼想象的那么浩大。他们对黑海的沉淀物以及地震数据进行分析，得出的结论表明，来自里海的水大约在 1.4 万年前涌入，黑海的水在长达 1000 年的时间里慢慢上升，将沿岸的居民赶出了盆地。里海溢流停止之后，黑海水位下降，几年后又被海水侵入。扬科·洪巴赫认为，第二次洪水只抬高了海面 40 米，而且速度也比那两位美国人推测的要缓慢得多。这些不同理论至今还是考古研究的话题。

至于神学的问题，犹太传教士艾米·沃克·卡兹告诉美国《堪萨斯城市星报》："考古真相由科学方法来决定……历史真相由一个社会追忆过去的方式来决定……圣经故事的重要性体现在：它们让我们从历史中学习伦理和道德，而不是向我们揭示历史的真相。"

霍利·麦克斯克牧师补充道："动物成对地登上诺亚方舟并不是洪水的真相。事实是上帝为人类打开了希望之窗。"

3 澳洲是怎样被人发现的

　　没有人能确切地回答人类如何或者为何登上澳洲大陆。最初登上这片土地的人没有想到要把这些事情记录下来。地球上任何一个区域人类生活早期状态的有关描述，顶多不过是以经验或知识为基础的臆想，也就是说，它们尽管看起来非常有理有据，但也只是臆测而已。无论如何，天气很可能在将人类带到地球另一端的过程中扮演过重要角色，人类的这次旅程是一个充满传奇的故事。

　　故事要追溯到大约 5 万年前，那时澳大利亚已经是一个广袤的岛屿，与亚洲大陆相隔 15 ～ 20 千米。岛上生长着许多独特的动植物，包括一些如今已经灭绝的大型哺乳动物，比如没能进化成人类的猿猴类。最初来到这个岛屿的人类肯定是外来者，他们到达澳洲的唯一途径就是穿越大海。

　　直到最近，考古学家才发现，人类其实已经在澳洲大陆生活了如此之久。一个世纪前，学者们推测，澳洲土著人在澳洲生活的历史只有 400 年左右。到了 20 世纪 60 年代，科学家们又把这个时间框架向前推进了 8000 年。1969 年堪培拉澳洲国立大学一位名叫吉姆·布劳尔的地理学家在考察早已干涸的蒙哥湖湖床时，偶然发现了一具露出沙丘的女性骸骨。这具骸骨被掘出并用碳-14 进行年代测定。令所有人吃惊的是，这具女尸骸骨的年龄超过 2.3 万年。

　　这就意味着，早在学术界公认的人类发明石斧等石制利器之前，就有人从亚洲来到澳大利亚这个南半球的大洲。然而如果没有这些石器的帮助，早期澳洲土著人漂洋过海所乘坐的船必定相当简陋。由于现在无法找到一艘 5 万年前的船，考古学家就只能运用他们的想象力来填补空白，这些航海者最有可能乘坐的是用棕榈叶将竹竿绑在一起做成的竹筏（就像一把又大又平的柳条椅）。

　　现在的问题是：他们为什么要冒着风险出海？从他们所处的南亚，这些人不可能看得到遥远的澳大利亚海滩。他们甚至根本无法确定在无边无际大海的另一边存在着陆地。有一种观点认为，这次旅程更有可能是一次偶然而非刻意的行为。

情况可能是这样的：最早的澳洲人祖先，我们暂且称他为乔，坐在漂浮的竹筏上捕鱼。不久天空开始阴云密布，一场暴风雨似乎就要来临，然而乔却想在回家之前再捕一条鱼。他的妻子出门涉水来到他的竹筏前叫他回去。她刚爬上竹筏，一场大暴雨或者夏季的季风雨就倾盆而下，密集的雨点猛烈地砸在他们身上。乔控制不住在汹涌大海中挣扎的竹筏，风把他俩吹得离岸边越来越远。他们就这样无助地在大海上漂荡了几天，直到最终被海水冲上澳大利亚北部的海滩。没有其他事情可做，于是他们开始在这个大洲上生儿育女。

问题是两个人可能不足以繁衍出一个社会。美国学者约瑟夫·伯德赛计算，必须有 25 个左右的个体才能繁殖出良种的种群。或许当时乔的竹筏上乘坐了他的整个家族，但这种可能性微乎其微。

部分暴风雨理论的支持者认为，故事的主人翁在风暴到来时正独自捕鱼，然后风把他带到了一个陌生的陆地。渔夫立即意识到这是个机遇，经过航行又回到家乡，并引导一大群人再次来到这片海岸。还有一种说法认为，是一个又一个背运的亚洲人陆陆续续在海上迷失了方向，无意中乘着竹筏成了这块"迷失之地"的主人。

《先辈的足迹：土著澳洲》一书的作者菲利普·克拉克认为，澳洲人口的出现绝不是一次意外。可能没有那么一场暴风雨，只是这些早期的探险者通过观察天气变化的模式了解了澳洲的存在。

尽管这些探险者在水平线上看不到澳洲，但他们可能观察到了"陆地云"，当湿润的空气变冷并越过山顶时在山脉上空就会形成这种云。白天这种云保持静止，就像黏附着山顶一样。探险者们可能看到了这种云，意识到其下必有陆地。如果不是云泄露了澳洲的位置，那么可能就是闪电。暴风雨中，闪电可能击中了现在已被水淹没的澳洲西北角。如果闪电击中灌木丛并引发大火，滚滚浓烟从东帝汶的沿海山脉就可以看到。

"从成功穿越海洋的一个家族群体开始，"克拉克写道，"整个澳洲有人居住的历史就可能长达几千年。"

早在世界其他民族能够制造船只之前，澳洲土著人就因为天气有意或者偶然地来到了澳洲。他们进入了一块未知的领地并在那里建立了一个新的社会，一个拥有迄今存在于地球上最为古老的文化和语言的社会。

4　海风挽救了西方文明

　　希腊文明乃至整个西方文明的存亡悬于希波战争的结局。波斯帝国在其最为强盛的时期觊觎征服整个希腊半岛。希腊海军元帅忒米斯托克利斯成功地运用他对风的了解，在公元前480年的萨拉米斯战役中扭转了战争形势。

　　有关风的规律的知识对于所有早期航海文明而言都至关重要，但是这种重要性在希腊人的思想中又占据着格外独特的位置。众多种族，包括特洛伊人、斯巴达人、腓尼基人、迦太基人以及伊特鲁里亚人都生活在地中海周围，他们为了控制商业航道而彼此争斗。由于当时的海军舰船还只能听任洋流的摆布，因此他们时刻都在注意海风的方向。气象学家纽曼认为，希腊人对海风尤为警惕。纽曼在古希腊文学中找到有关风的叙述要比在其相邻帝国的经典著述中找到的多得多。

　　已知最早的希腊文学作品《荷马史诗》可以追溯到公元前800年，其中就频繁地提到了风。请看下文。

　　　　青年男子整日欢歌，祭奠和赞颂神灵，他们的声音令神愉悦。随后太阳西沉，黑夜降临，他们就在船尾缆绳旁躺下休憩。当晨曦初生，太阳投射出玫红色光芒时，他们又朝亚加亚人的群居地航行。阿波罗送给他们一阵顺风，于是他们竖起桅杆，扬起白色风帆。帆被风鼓满，推着船在深蓝的海水中破浪急行，船首激起嘶嘶作响的水沫，很快抵达一大片亚加亚人居住的陆地。他们把船拉上海滩，使船脱离海水，高高地立在沙滩上，并把粗壮的船桨放在船身之下，然后走向各自的帐篷和渔船。

　　亚里士多德在他的《气象学》（一本最早将天气现象进行系统分类的书）中给各种不同的风冠以名称。他的学生西奥佛雷特斯（公元前374～公元前287年）通过著述《论风》继续了亚里士多德的工作。尽管具备这些有关风与浪的知识，公元前5世纪的雅典人还缺乏一支真正意义上的海军，因为他们还不得不向科林斯人租借轮船。当波斯人在陆地上取得一个又一个伟大胜利时，雅典人也逐渐组建起一支当时世界上最为强大和令人生畏的海军舰队。

萨拉米斯战役的起源要追溯到公元前6世纪，那时波斯国王统治着东到印度河、西到爱琴海的广袤疆域，并最终征服了安纳托利亚沿岸的希腊城邦。公元前500年，这些城邦的希腊人开始起义。希腊大陆也派出增援部队，但是起义没有成功。波斯国王大流士以此为借口出兵侵犯希腊，然而天公不作美，一场暴风雨摧毁了大流士国王的大半个舰队，他只好打道回府。

公元前490年，波斯人再次入侵。这次由2.5万人组成的波斯军队没有遇到任何抵抗就登上了马拉松平原。力量悬殊的雅典人向神祈祷，许诺每杀一个波斯人就向阿耳特弥斯贡上一头羊。希腊人的祷告似乎真的被神听到了，他们再次克服种种困难赢得了一场决定性的胜利，这样的胜利值得大肆欢庆。长跑运动员费迪·皮迪兹一路奔跑到雅典去传递这个好消息（直到1896年首届现代奥林匹克运动会在雅典召开，"马拉松"作为赛跑的意义才进入我们的字典中。奥林匹克运动会举行这样的长跑比赛来纪念费迪·皮迪兹的这次长途奔跑）。战争中牺牲的士兵就埋在马拉松战场上，垒起的土墩至今清晰可见。战争结束后，雅典已没有足够的羊来满足雅典人对阿耳特弥斯许下的承诺。他们贡上了500只羊，并且此后年年以牲畜祭奠，一直持续了将近一个世纪。

马拉松战役之后，雅典人淡忘了所有来自波斯的威胁。事实上，差不多又过了10年，忒米斯托克利斯才说服雅典人组建一支海军。他们在公元前483年真正着手执行此项任务时，也仅仅是为了防御邻近的希腊城邦埃伊那，而不是波斯帝国。波斯人当时也面临诸多问题，无暇顾及。公元前486年6月，埃及人和巴勒斯坦人起义反抗波斯帝国。只有将这些事情处理完了，才轮到希腊。

这样一拖就拖到大流士的继位者薛西斯来完成这个任务——将雅典收归波斯。薛西斯志在必得，他集合了一支前所未有的庞大海军舰队。历史学家就舰队的规模争论不休，但保守的估计约为战船1000艘，载员25万人（当时整个地球上的人口约为1.62亿）。与波斯人同时出征的还有爱奥尼亚人、西里西亚人以及腓尼基人的小舰队。腓尼基人在航海方面绝非碌碌无为，凭借利用北斗星导航的知识，他们在公元前 1200 年至公元前 900 年一直主导着地中海的水域，并且很可能是最早航海经过非洲南端的西方民族。

波斯人毫不隐瞒他们的攻击计划。凭借无坚不摧的力量，薛西斯相信威慑是比突袭更有力的武器。他派出先头部队去要水并且命令沿路的居民为国王和他的军队准备食物。雅典人知道了薛西斯的目的及其行动路线。他们知道居民要为多少人准备食物就有多少士兵。薛西斯的军事力量就如同在地平线上聚集的风暴，雅典人看得一清二楚。

9 月，波斯人焚毁了空城雅典，并准备击败希腊的海军。如果由 380 艘船组成的希腊舰队在外海正面迎击强大的波斯舰队，他们绝对没有任何获胜的机会。因此忒米斯托克利斯设计诱使入侵者恰好在有外海的海风吹入时进入萨拉米斯岛和比雷埃夫斯之间的海峡。

首先，忒米斯托克利斯派遣一个信使去"偶然"泄露希腊人正计划在夜幕掩护下撤离萨拉米斯的情报。薛西斯上钩了，他推想如果能在希腊人试图逃跑的途中布下埋伏，就可以一次性摧毁对方的整个海军舰队，而不必耗上几次战役。于是他命令舰队封锁萨拉米斯岛西部狭窄的迈加拉海峡，他认为这是忒米斯托克利斯逃跑的必经之地。

在破晓前两个小时，忒米斯托克利斯把士兵集合起来。他们只有区区 6 万人，取胜的概率很小。元帅给士兵做动员，历史学家普鲁塔克记录的训话内容如下：

> "晨曦的白色使者用钻石光芒再次点亮了天空。勇敢的希腊子孙们：为了保卫你们的宗族，前进！你们的父辈垒起了祖先的坟墓和神圣的宗庙。我们只需要最后一击来结束这场贪婪的战争。今天，我们破釜沉舟。希腊的子孙们：出发！"

天刚破晓，希腊人就开始航行，他们并没有向南边撤退，而是绕过了萨拉米斯岛的北端。忒米斯托克利斯知道太阳升起后两小时，地中海的季风将使历经连续征战和长途航行的波斯舰队举步维艰。

当波斯人追逐希腊三层桨座战船进入狭窄的海峡后，季风准时从海上咆哮而至。海面开始涌起巨浪，摇晃着头重脚轻的波斯舰船。而狭长、重心低的雅典战船此时就好受很多。他们扼守住海峡最为狭窄的地方，此地大约只有1371.6米宽。忒米斯托克利斯就想在这个地方进行战斗，他把薛西斯的人一直引到了这里。

看着浩浩荡荡的波斯舰队逼近，他们守住阵地，毫不动摇。一千多艘船堵塞了水道。希腊人朝敌人冲过去，猛击对方的舰船。到半上午时，南风沿着海峡直朝北吹，波斯人背后受风，很难驾驭船只。而希腊人处于赛罗苏拉岬角的避风处，他们迎风航行，因此更容易操控。到正午时分，波斯人的阵形已经完全溃散。数量浩大的舰船反而使他们在狭窄的海峡中难以进退，即便前方的舰船已遭破坏，后面的舰船也不知道前面的危险，仍然继续向前航行。于是波斯人遭到希腊人正面和两侧的夹击，而后面则是己方舰船的冲撞。

到了下午，破损的船体、桨橹以及水兵的尸体几乎填满了海峡，超过240艘船的残骸上及其周围漂浮着5万人的尸体。

"萨拉米斯岛的海滩，以及所有邻近的海岸到处是惨死的尸体。"希腊剧作家埃斯库罗斯如此写道。

战争结束后，波斯损失了三分之一的舰队，此后的几天都有尸体不断被海水冲上沙滩。尽管波斯人在数量上还是胜过希腊人，但这支队伍已经失去了纪律和约束，剩余的船只迅速返航。他们把雅典烧成了废墟，但还是没有打败雅典人。

然而天气还会给撤退的波斯人又一记沉重的打击。风暴频繁的秋季很快就要来临，之后还有冬季。波斯人必须尽快逃到小亚细亚水域。到10月，波斯军队撤退至帖萨尼亚（希腊北部的一个地区，位于马其顿南部，伊庇鲁斯东部，邻近爱琴海）。他们必须在45天内赶在冬季来临前抵达达达尼尔海峡（加利波利半岛），否则以后的航行将变得十分困难。由于行动得如此迅速，补给根本跟不上，士兵们饥饿不已，有人因饮用污染水而致病，备受折磨。终于到达达尼尔，这些快被烘干和饿死的士兵立即找来食物和水狼吞虎咽，但这对他们却并没有好处。饮食的剧变足以令人死亡。薛西斯无敌舰队中最强大的小分队在萨拉米斯战役后抛弃了他，他此后再也无法借助这支队伍入侵希腊了。

如果薛西斯在萨拉米斯取得了胜利，他无疑会逐一入侵沿海的城邦。这些城邦就不可能形成统一的抵抗联盟。这样一来，古希腊乃至其经典神话、哲学、民主概念等都可能被扼杀。萨拉米斯战役是希腊海军保卫国家的一次重大胜利，它促使雅典成为海军强国。这次战役也使波斯海军十年不振，只能转为防御——首先要抵御雅典海军在地中海东部的行动，之后还要防备斯巴达人以及亚洲的马其顿人。大卫·萨克斯在《古希腊百科全书》中说："亚历山大大帝征服波斯（公元前334～前323年）的结局起始于狭窄的萨拉米斯海峡。"

5　条顿堡森林伏击战

——暴风雨即将来临

罗马帝国在其鼎盛时期，是众多列强中最为强大的。到公元前7年，它已经征服了整个伊比利亚半岛，并在莱茵河两岸建起一系列的军事要塞。此外，罗马还控制着多瑙河以南的奥地利、瑞士东部以及德国南部，其军事力量所向无敌，统治整个世界似乎指日可待。公元元年，罗马皇帝的继位者台比留镇压了日耳曼人、切鲁西人和伦巴族人——这些罗马人眼中的"蛮夷"。日耳曼北部的大片土地又沦为罗马管辖地。

在罗马本土，奥古斯塔皇帝坚信北方形势一片大好，因此他召回台比留，派其去镇压潘诺尼亚的暴乱。潘诺尼亚是位于欧洲中部的一个古罗马省，包括现在奥地利、匈牙利、斯洛文尼亚、克罗地亚、塞尔维亚以及黑山共和国的一部分。奥古斯塔派瓦卢斯接替台比留日尔曼总督的职位。

瓦卢斯乃贵族家庭的纨绔子弟，与奥古斯塔最钟爱的孙侄女结婚。回罗马以前，他任叙利亚总督，在那里他大肆搜刮，中饱私囊。用英国历史学家爱德华·斯蒂芬·克里希爵士的话说："往往肆意冒犯当地神殿的神圣，打击诬蔑叙利亚人的荣誉和质朴。"

瓦卢斯的职位相当于今天维和部队的首领，他无疑把这次任命看得很轻松。切鲁西人从各个方面看起来好像都很友好和忠诚，满足于成为大罗马帝国的臣民。他一上任就强迫切鲁西人上贡，还淫乱他们的妻女。

然而瓦卢斯却似乎看错了切鲁西人的首领阿米尼乌斯。阿米尼乌斯是许多被征召为罗马军队效力的日耳曼人之一，他已经获得了罗马公民的身份和骑士的职位。但在阿谀奉承瓦卢斯的同时，他却在收集情报，挑动日耳曼部落的反罗马情绪，秘密策划一次突然暴动，这也是对抗世界上最强大军队的唯一取胜策略。他的计谋得到了天气的极大帮助。

阿米尼乌斯集合好队伍后，给瓦卢斯送去消息说他的人受到北部叛军的攻击，需要保护。而罗马军团抵达叛乱地点必须经过切鲁西人的地盘，瓦卢斯对此几乎毫不在意，立即拔营起寨，挥师北进。他率领的军队包括第十七、十八、十九军团 3 个骑兵队，共约两万人马。他们没有列队行军，因此队伍松松散散，好似旅行，随队还用马车拉着物资和家眷。整个队伍的前面是切鲁西向导。

向导把罗马军队引到条顿堡森林，这里树木森森，四周皆是悬崖峭壁，岩石间的通道十分狭窄，再加上最近刚下过暴雨，地面泥泞不堪，小路被溢流的溪水淹没。满载供给的马车太沉重，陷于泥沼无法动弹。

阿米尼乌斯抓住这个时机，进攻罗马军队的后翼。向导逃走了，撇下人生地不熟的罗马人。整整一天，切鲁西人采用"打了就跑"的游击战术不断向罗马人发起攻击。最后瓦卢斯只得下令就地扎营，并在营房四周点燃篝火。当天晚上，营地没有再遭受攻击。第二天一早，瓦卢斯下令扔掉笨重的马车，士兵们争先恐后去抢夺马车上的物品。阿米尼乌斯再次发出进攻的信号。

战斗又持续了一天。进入第三天时，天空出现了一片不祥的乌云，它似乎预示着罗马军团即将灭亡。刹那间，大雨滂沱而至，天空中雷电交加。树木被击倒，队列被冲散，血腥的战场变成了沼泽。雨水浸透了罗马将士的皮革盾牌，盾牌重得举都举不起来。砾石像冰雹一样猛烈地砸向他们，受惊的马匹也将他们冲撞得七零八落。

除了战术上的考虑，暴风雨对于交战双方还有特殊的象征意义。对于罗马人来说，风暴就是神在发怒，是凶兆。一次闪电就足以驱散所有公众集会。"我将注视天空"这句话就等同于政治上的否决。

"我们能够怀疑闪电的预言意义吗？"公元 1 世纪史学家和传记作家昆图斯写道："当耸立在丘比特神庙之巅的《夜与电光之神》雕塑被雷电击中时，头像不知所终，占卜者断言它被抛到了台伯河里，后来头像果真在预测的地方被找到。"如果连一次闪电都被罗马人视为凶兆，想象一下在遭遇突袭的战役中他们会如何看待暴风雨吧。

而对于日耳曼民族而言，雷神主管天气和战争，雷神的雷电就是神灵护佑的征兆。切鲁西人看到雷电就坚信神站在他们这一边，于是士气倍增，奋勇杀敌。

四面被围，筋疲力尽挣扎在深及脚踝泥沼中的罗马人此刻即便想要撤退都绝无可能。如果罗马人指望日耳曼人会网开一面，施以仁慈，他们就大错特错了。切鲁西人凶残地斩杀着罗马侵略者，他们将罗马人的尸体剁成碎片，端上祭坛祭奠雷神。一些幸存者被关进柳条笼子活活烧死。瓦卢斯因为难以忍受战败的耻辱而拔剑自刎，他的头颅被装进帆布包送到罗马。死亡的罗马人估计有两万人。

这次战败让罗马人感到羞辱和痛苦。奥古斯塔皇帝听到战败的消息时，禁不住失声痛哭："瓦卢斯，还我的军团！"从此以后，罗马军团的编号再也没有第十七、十八和十九。

罗马不会让阿米尼乌斯笑到最后。为了证明罗马仍然是地球上最强大的军事力量，台比留率领新组建的一支军队启程了。在距上一次战役 5 年之后，罗马军队再度兵临条顿堡森林。这次他们做好了战斗的准备，并俘虏了阿米尼乌斯的妻子图斯内尔达，轻松赢得了战争的胜利。然而这些都是炫耀作秀，因为奥古斯塔皇帝及其继位者台比留此后再也不敢试图征服日耳曼北部以及那些日耳曼"蛮夷"。哥特人和汪达尔人最终推翻了罗马帝国，挣脱罗马帝国束缚的日耳曼部落开始扩散到整个欧洲。切鲁西人与日耳曼西北部的撒克逊人融合，最终成为入侵并占领不列颠的盎格鲁撒克逊人，也就是英格兰人的祖先。

假如条顿堡战役不是罗马人战败，他们肯定会征服整个日耳曼北部区域，并且继续北上。如此一来，作为法语和西班牙语基础的拉丁语很可能同样支配日耳曼语。今天或许就没有瑞典语、挪威语、丹麦语、荷兰语、德语以及英语了。

英国史学家爱德华·克里希爵士 1851 年形象地写道："如果阿米尼乌斯没有那么勇敢和成功，我们的日耳曼祖先将饱受奴役，或者被灭绝在埃德河和易北河流域。这个岛屿永远不会被称作英格兰，而'我们这个民族和语言已遍及整个地球的伟大英国'也势必不复存在……当这个勇敢的日耳曼人在杀戮罗马军团时，他拯救的正是我们的原始祖国。"

日耳曼或者英格兰民族摆脱了罗马人的控制，在很大程度上也得益于一场受天气影响的瘟疫传播。

6 英国何以成为"日不落帝国"

"我们看到村庄荒芜,遍野哀鸿,尸骨暴露在土壤之外,"以弗所的约翰如此记述,"街道上也满是无人掩埋的暴露和腐臭的尸体……他们腹部鼓胀,嘴角大开,脓液像急流一样不断涌出,眼睛红肿,双手向上伸出。腐烂的尸体躺在角落里、大街上、庭院的走廊上,甚至是教堂里。"

这是人类历史上第一次有记载的大流行疾病,它开始于公元541年左右。其肆虐欧洲各国,所到之处,城市顿时变成空巷,尸骨堆积如山,以至于所剩无几的幸存者根本来不及掩埋。耕地荒芜,牛羊四处游走。那些在首次鼠疫爆发中幸存下来的人只能惊恐万状眼睁睁地看着亲人死去。然后疾病一波又一波地袭来。即便在第一次没有被感染,一年后再爆发时可能就没那么幸运了。疾病的后果很可怕,患病者用充血的眼睛看着世界,他们浮肿的脸上布满脓疱,呼吸也十分困难。一部分人幸好在死于肿胀和高烧之前就失去了知觉。在查士丁尼统治时期爆发的这场鼠疫夺走了罗马帝国一半人的生命,极大地削弱了帝国,也打破了整个世界的势力平衡。

最早的大不列颠人不是英格兰人,而是凯尔特人。公元449年,这些不列颠群岛的定居者遭到一个被称为盎格鲁的野蛮部落入侵。盎格鲁人来自今天的什勒斯威格—荷尔斯泰因地区,他们的语言是从居住在荷兰沿海沼泽岛屿上的弗里西部落人语言演变而来的,是今天英语、德语和荷兰语的前身。

盎格鲁人连同撒克逊人和朱特人给不列颠群岛带来恐怖的气息。一位时代记者写道:"岛屿上从来没有见过如此残忍的屠杀。"当地的不列颠人被迫"像躲避大火一样"逃跑。在接下来的几十年里,入侵者在岛屿上散开,并且定居下来。尽管盎格鲁人是新来者,他们却把不列颠原住居民戏称为"wealas",意为"外国人","welsh"(威尔士)一词就来源于此。这可能有助于解释为什么凯尔特人不是很喜欢他们的邻居。不列颠东部的盎格鲁人和撒克逊人与西部的凯尔特人彼此井水不犯河水。

015

"我们可能会想象这两种相邻达几百年的语言会彼此自由借鉴，"《英语的故事》一书的作者写道，"然而事实上，古英语……包含的凯尔特单词不到 12 个……似乎英格兰人根本不打算去学习被他们征服的岛屿上的语言。"

凯尔特人也不愿与那些卑劣的入侵者做生意，他们通过大海与法国、西班牙以及地中海沿岸国家进行贸易。这对于凯尔特人和英格兰人都有深远的影响。当鼠疫在欧洲肆虐时，它首先通过货船传播到不列颠，结果位于不列颠西部的凯尔特人由于频繁与地中海国家进行贸易而遭受流行病的巨大破坏。相反，盎格鲁和撒克逊人却没受到多大影响。岛上势力的平衡被打破了，操着古英语的勇士开始进入被削弱的凯尔特人地区，把它们变成殖民地，这就是大英帝国的开始。英格兰的殖民势力逐渐扩张到爱尔兰、威尔士、苏格兰，然后进入加勒比海、印度、澳大利亚和美国。考古学家大卫·基斯写道，"在 6 世纪气候和流行病事件以后的几百年时间里，多米诺骨牌从不列颠开始倒塌并最终改变了整个世界。这种改变可能比同时期其他任何国家所引起的都更为壮观。"

到底是什么造成了这场改变世界势力均衡的疾病大爆发？当然是气候。公元前 530 年前后，发生了一件惊天动地的事情——太阳的大部分热能被阻挡长达一年多。科学家推测可能是一次大规模的火山喷发或者彗星撞击。

无论如何，这次事件造成大量尘土扩散到空中，对世界气候造成破坏。结果东非遭受了严重干旱，干旱之后又是洪水泛滥。干旱使所有的庄稼枯死，造成生态系统的连锁反应：首先以粮食为食的沙鼠和田鼠大量死亡，继而是通常以这些啮齿动物为食的动物死去。然而干旱一结束，越来越多的雨水使植物迅速恢复生长，繁殖快的沙鼠数量也得以恢复，但是沙鼠的天敌数量恢复的速度就相对较慢，结果这些沙鼠就开始大量繁殖。在理想状况下，一对沙鼠能在一年内繁殖出一千多只后代。很快，田鼠和沙鼠开始在东非横行。

沙鼠可以携带鼠疫细菌但自身有免疫力。靠这些啮齿动物为生的跳蚤却对此没有免疫力。于是吸食过鼠疫携带沙鼠的非洲跳蚤发病了，其体内充盈着凝结的血块。它们开始饥饿难耐，挨饿的跳蚤噬咬任何能找到的动物，但无论它们噬咬多少，总是感到饥饿，于是它们就咬得更多。它们每噬咬一口就会把细菌传播给一个新的宿主。鼠疫就这样被传播到黑鼠（也称船鼠，因为它们习惯藏匿在货船上）身上。黑鼠一路航行来到培琉喜阿姆港口，罗马人在这里卸下大量的象牙。

在高峰时期，罗马每年约从非洲进口 50 吨象牙，但蔓延各个港口的鼠疫几乎中止了象牙贸易。君士坦丁堡受到鼠疫大流行的袭击后，人口从 50 万锐减到不足 10 万，疾病从这里向北蔓延到法国和英国。于是盎格鲁人开始了他们的征服之旅。

鼠疫中崭露头角的真正主导力量是英语。在当今约 2.8 万种语言中，只有 10 种语言分别属于 1 亿以上人口的母语。英语是 3.5 亿人的第一语言，只有说汉语的人比它多。但是英语已经成为世界各地首选的第二语言。如今非英语母语但能说英语的人与以英语为母语的人口之比为 2:1。中国的英语学习者比美国的总人口还多。全世界每 7 人中就有 1 人能不同程度地理解或说英语。世界上大多数的广播、书籍、报纸以及国际电话都在运用这种从日耳曼部落进化而来的语言。日耳曼人比他们的凯尔特邻居更幸运，没有被鼠疫夺去大量人口。如今以威尔士语为母语的人口不到 32.7 万。

7 第一次神风显灵

英国诗人塞缪尔·泰勒·柯尔雷基曾这样写道："忽必烈在仙南铎建造富丽堂皇的欢乐宫。"忽必烈是蒙古皇帝，成吉思汗的孙子。仙南铎其实就是上都——帝国北面的都城。传说中那里建造了一座欢乐宫，忽必烈给被征服国的俘虏施以药物，让他们尝到极乐世界的滋味，然后告诉他们只要在战场上为新君主效命，他们就可以回到这个人间天堂。多数史学家认为所谓的欢乐宫只不过是神话，被征服者需要为他们的命运编造一些借口。

忽必烈统治时期的元朝范围西触黑海和地中海，南至孟加拉国，东到朝鲜。征服日本是他"天命"中几乎不可避免的下一步。

1273 年，忽必烈给日本龟山天皇送去一封信，大意是说天皇应该为能归顺可汗而感激涕零，他要么现在就同意，要么在被荡平后被迫接受。让忽必烈万分惊讶的是，龟山天皇拒绝了他的"慷慨"提议。

于是忽必烈命令诸侯国高丽王造船 1000 艘。高丽王觉得完不成这个任务，忽必烈还是说服了他，这次不是靠富丽堂皇的欢乐宫，而是一支由全副武装的5000 名骑兵组成的军队。高丽的工匠们倾尽全力，但恶劣的天气和食物短缺还是耽误了进度。尽管忽必烈迫不及待要占领日本这个新的岛屿，但还是不得不等到第二年的春天。

1274 年，元朝的舰队满载 2.5 万兵马，外加 1.5 万高丽人，向日本扬帆进发。他们首先登陆并占领了对马岛和壹歧岛，为攻击日本大陆做好准备。军队所过之处，大肆杀戮当地的渔民。11 月 20 日，他们来到博多湾，与日本武士首次相遇。日本武士崇尚仪式性战斗，在与敌人一对一决斗前会大声报出他们的姓名、祖先以及以前的战绩。蒙古人觉得这种行为十分古怪，并且可以加以利用。当一个日本武士还在炫耀自己的血统时，蒙古人就开始群起而攻之。日本人很快意识到蒙古人并不遵守规则，于是撤退到防御工事，重新考虑战略。蒙古人则出动到开阔地，随时准备发动攻击。夜幕来临，他们决定回到舰船，因为觉得那里更加安全。留在后面的高丽人多被日本人杀戮，为了掩护高丽人撤退，蒙古人放火烧了日本人的神社。

此刻蒙古人还不知道一股台风正朝他们移来。登船后不到几个小时，风暴就折断了桅杆，船被掀得东倒西歪，人被抛向空中然后砸在礁石上。那些成功逃到沙滩上的蒙古人又不幸被曾经遭到自己烧杀抢掠的渔民救起，他们没有活多久。

忽必烈此前还从未输掉过任何战役。这次他的大部分将士没有战死沙场，却死于天气，无论如何他也咽不下这口气，于是发誓要率领一支更大的舰队来完成已经开始的伟业。他甚至为此专门成立了"征服日本中书省"。

忽必烈此时已征服了中国南部的南宋王朝。他又向日本派出更多的使者，督促日本人投降，否则就会有第二次战争。使者没有如期望那般受到欢迎，反而都被斩首。忽必烈的威胁确实产生了一个结果：日本人预料到蒙古的入侵，他们沿博多湾修建了一道石墙。

就在日本人加紧修筑工事的同时，忽必烈也在召集组建历史上最大规模的侵略军队。他征用了从中国南部到高丽所能找到的所有船只，此外还命令高丽王再建造 1000 艘战船。1279 年忽必烈征服南宋，这使得他的舰队规模又增加了 3.5 万艘船。1281 年，这支浩浩荡荡的海军打着成千上万的龙旗扬帆东征。当年 6 月，他们抵达并占领了对马岛和壹歧岛，伺机进攻日本大陆。这一次，日本人有了充分准备，当蒙古人进入博多湾后，他们遭遇到一支依托坚固工事整体作战的日本军队。日本人的战术改变大大出乎蒙古人的预料，蒙古人以及他们附属的高丽和汉军将士撤退到船上，准备下一次攻击。

然而太平洋此刻也在积蓄力量。台风"死亡之眼"挟带风速超过每小时125 千米的狂风扑向日本南部，正赶上蒙古军队登船。再浩大的舰队也抵不过剧烈风暴引起翻江倒海的波涛。船挣断了船锚，船桅倒塌。与萨拉米斯海战相似，庞大的舰船数量反而对忽必烈的军队不利，失事的船体残骸把其他船只打得粉碎，并封堵了剩余船只的出路。据说填满沉船的海湾可以让人徒步而过。

部分将士爬上了高岛，浑身湿透，惊恐不已。绝大多数将士则溺死在海里。没有溺水而亡的蒙古士兵也轻易地被日本人（狂热地）杀死。当最后一个蒙古将领死去时，也标志着入侵日本计划宣告失败。1294 年忽必烈逝世，继位的铁穆尔再也不想冒险去验证命运。

日本神道牧师以及众多日本人都相信是他们的祈祷带来了这两次幸运的风暴。为了纪念保护过他们的神，日本人把风暴称为"kamikaze"，通常译为英文"the divine wind（神圣之风）"。但史学家彼得·梅特韦利斯在《亚洲民间传说研究》杂志上发表的文章认为，这个译法没有抓住日文表达的全部含义，"这种译法错误地暗示风是神灵的一种工具，而实际上日文包含'风就是神'这个概念。"梅特韦利斯建议把"kamikaze"译为"Deity Wind（神风）"。

神风对日本的历史产生了深远的影响。他们的好运极大地提升了民族自豪感。依靠沿海的石墙，日本自我防御，与亚洲的其他国家保持了相对独立。

具有讽刺意味的是，许多史学家认为日本人的这次胜利反而导致了政府的崩溃。通常，武士会因为在战场上的英勇表现而受到赏赐，而奖品就是战争中掠夺来的战利品。佛教徒和神道牧师认为正是因为他们的祈祷才取得了胜利，因此对没有获得奖赏耿耿于怀，引起长达两个世纪的政治动乱。

入侵日本的背运在很多史学家看来就是元朝灭亡的开始，尽管它彻底瓦解还要经历将近一百年。忽必烈后第九位皇帝在位时期，即 1368 年，中国爆发的起义推翻了元朝，建立了明朝。

自然而然，这不是"神风"一词最后一次用于战争。在第二次世界大战中，日本再次祈福风暴，打造了一种新的武士，即把飞机变成射向盟军战舰之炮弹的自杀式飞行员。

8　真十字架的丢失

　　如果你想要在沙漠开战，最好带上水。如果你还想听一个警示性的故事来明白这个道理，十字军东征过程中的哈丁战役就是最好的例子。

　　十字军东征是11世纪至13世纪以教皇为首的势力发动的一系列侵略战争，目的是为了打败"耶稣的敌人"，保卫基督教的圣城，尤其是耶路撒冷。在两百多年的战争中，大大小小的战争和冲突波及大半个欧洲和地中海区域。作为参加圣战的回报，基督教士兵的罪过将得到宽恕，并获得永久的拯救。既然拯救有了保障，士兵们战争获胜后就肆无忌惮地破坏和掠夺。穆斯林并不是十字军东征的唯一目标，文德人异教徒、俄罗斯和希腊东正教徒，蒙古、贝特和立陶宛萨满教徒以及任何异教徒，甚至包括怀疑教皇权威的天主教徒都是他们的打击对象。在征途中，东征军偶尔兴致高涨时也会占领基督教城市，把黄金等他们想要的东西据为己有。

　　情势尽管如此混乱，但我们可以肯定地说，东征军与穆斯林水火不容。1099年，东征军占领耶路撒冷，屠杀了那里所有的穆斯林。这也成为此后长达两百多年穆斯林发起反对异教徒圣战的导火线。当然，许多人会说其实圣战一直持续到了今天。耶路撒冷变成了一个法兰克王国，100年维持相对平静，直到12世纪末萨拉丁王朝崛起。

　　埃米尔·努尔丁死后，萨拉丁宣布自己为埃及的苏丹，并把势力范围扩张到北非、也门和大马士革，其最终目的是统一整个穆斯林民族。他组建了一支由各个族群穆斯林勇士组成的庞大军队，基督徒们把他们统称为撒拉逊人。双方虎视眈眈，但还是维系着脆弱的和平。萨拉丁和特波里伯爵雷蒙德三世较为和睦，两者都崇尚荣誉，互相敬重。

　　1185年，鲍德温四世去世，他年幼的外甥鲍德温五世继承王位。雷蒙德被任命为摄政大臣，他与萨拉丁签订休战协定，一切似乎都平安无事，直到8岁的幼王夭折。在之后的权力争夺中，吕西尼昂的居伊成为国王居伊一世。他周围聚集的一群贵族，他们更多地受贪欲支配而不顾灵魂救赎。新国王的宠臣沙底隆雷诺就是通过抢劫前往麦加的沙漠商队而发家的。

一天晚上，雷诺听说一支驼队要经过耶路撒冷王国，运载的货物价值不菲。于是他派人袭击了商队，掠夺了黄金和香料，还有一个漂亮的女子。好像冥冥之中注定，她就是萨拉丁的妹妹。雷诺欣喜若狂，萨拉丁的妹妹应该值一大笔赎金。然而苏丹却拒绝支付赎金。

与此同时，萨拉丁的儿子阿夫达尔请求并获准安全通过雷蒙德驻守的地区。阿夫达尔答应在日出之后日落之前通过，不惊扰沿途村镇。然而正当这些土耳其人在途中休息时，突然遭到杰拉德·雷德福率领的一群骑士袭击。这是一次愚蠢的行动，骑士们数量上远远少于穆斯林勇士，结果被后者包围，大部分被斩杀。雷德福和另外 3 名骑士得以逃脱去报信。撒拉逊人如约赶在日落前越过了这个地区。

亲人遭受的两次袭击使萨拉丁发誓要把雷诺从地球上抹去。居伊听到雷德福的人被穆斯林杀死的消息后也大为震怒，他召集了大队骑士准备复仇。英格兰国王亨利二世为了感激他们保卫圣地曾派人送来珠宝，居伊就用这些珠宝招募雇佣军。最后组成的军队包括 1.2 万名骑士和 1.8 万名步兵。居伊命令耶路撒冷牧首赫拉克略去取回真十字架来鼓舞基督教军队参战。

在克雷森一次小冲突后，萨拉丁的军队攻打了太巴列并放火烧城，接下来就要夺取加利利。此前一直袖手旁观的雷蒙德此刻也坐不住了，因为他不允许加利利被萨拉丁占领，雷蒙德又加入到同胞的东征军行列。

1187 年 7 月 3 日的前夜，法兰克骑士整装待发，准备开进萨富里雅与太巴列之间的沙漠，越过沙漠就是加利利。雷蒙德很清楚，在 7 月的天气里武装着沉重铠甲的部队要开进残酷的沙漠无疑是自找死路。但是由于他在居伊争夺耶路撒冷王位时没有支持居伊，居伊听不进他的建议。国王命令骑士上马，进入炙热的沙漠。居伊以为可以用不到一天的时间穿越沙漠。他不想让驮水的牛车耽误行军，于是命令部队先行。

雷蒙德服从了国王的命令，率部走在前面，国王居中，国王的身后是携带真十字架（被认为是耶稣受难时被钉的那个十字架，基督教的神圣纪念物）的阿卡主教和吕大主教，垫后的是 1200 名骑士和 7000 名步兵。问题是国王在计算整个部队的行程时只考虑到骑兵奔跑的速度。这样的速度连一匹干渴疲惫的马都很难达到，更不用说步兵了。

石灰岩反射着太阳的强光，被厚重盔甲包裹的骑士面孔潮红，头昏脑胀。瓶中的水很快被喝干，直到抵达加利利海以前，他们再也喝不到一滴水。居伊本可以绕一小段路前往图兰泉，这样就可以挽救许多将士的性命，但他执意继续前进。

脱水的十字军萎靡不振，行动更加迟缓，他们身下的马匹也累得跌倒了，部分士兵走着走着就突然倒地而亡。正当他们要看到希望——加利利海水——的时候，撒拉逊人点燃干枯的灌木，挡住了前进的路。大火引起滚滚浓烟，让十字军士兵本已干涩不堪的咽喉和眼睛更加难受。火焰外面萨拉丁的勇士射出密集的箭，然而十字军却顾不上躲避，他们如今只想得到水。部分雇佣军抓住时机立即投降，皈依伊斯兰教，只为了换得一杯水。

雷蒙德知道附近有一口井，于是建议部队改变方向，进入"哈丁角"山崖。萨拉丁的外甥塔乌封锁了这条路径，随后就是一场惨烈的战斗。十字军将士知道在他们与水之间唯一的障碍就是敌人，于是他们奋不顾身地冲杀，终于突围而出。然而他们没有立即向水源进发，国王命令士兵安营过夜。

"于是，满怀悲哀和痛苦，他们在缺水的地方扎营。晚上，军营流淌的鲜血比水还多。"一位19世纪的学者如此描述，"那天晚上，上帝确实给了他们泪水的面包和悔恨的酒。"

撒拉逊人整夜不停地辱骂和嘲弄干渴得近乎疯狂的基督徒。他们把水带到营地边缘，然后当着十字军的面把水倒进沙漠里。

第二天早上，苏丹让使者传令，让国王和他的将士返回故乡，永远不许再踏进此地半步！国王拒绝投降，他命令部队排成阵形，朝水井前进。但是十字军根本没有什么阵形，他们争先恐后，彼此冲撞。快到达水源时，迎面遇到阵容强大的撒拉逊人。

逃生无门。撒拉逊人只为雷蒙德的部队闪开一条通道，允许他们进入山区。基督徒仅有的一点力量也在被苏丹的外甥杀死、真十字架被抢走之后彻底瓦解。真十字架都失去了，再也没有战斗的理由了，大多数士兵放下武器，等待被俘。战斗结束时，曾经不可一世的基督徒十字军只剩下约200名骑士和1000名步兵。哈丁战役是中东地区基督教霸权没落的开始，此战之后，除了提尔城，耶路撒冷王国的所有基督城镇和城堡都被萨拉丁收复。

9 格陵兰岛的维京人

——气候变化和文化固执的牺牲品

　　世界上最大的岛屿也最不适合人类居住。一年中大部分时间被冰雪覆盖，周围的海水中也漂着浮冰，格陵兰岛似乎不大可能成为中世纪的殖民地。然而维京人却在那里生存了下来，并在格陵兰岛的峡湾之间不断壮大。他们建造农场和教堂，并利用他们的定居点作为探索加拿大海岸的跳板，这也使得他们成为最早探索新大陆的欧洲人。从公元984年至15世纪，格陵兰岛殖民地人口猛增，高峰时期据说有5000位移民，然后他们突然间就消失了。格陵兰岛殖民地消失的原因几百年来一直让史学家和考古学家着迷。现代研究人员认为，不断恶化的气候加上固执的维京人拒绝采纳他们因纽特邻居的生活习惯，最终导致这些殖民地消失。

　　维京人建造的船是当时最好的，呈流线型，用帆和桨作为动力，浅水深海都能航行。他们统治着周围海域，搜寻并掠夺从英国到巴格达一带的贸易商和修道院，甚至冒险向南航行到非洲。维京人建立了诺曼底公国，也就是法兰西的前身。此外英格兰的林肯城和约克城，以及统治乌克兰的基辅王朝也是他们建造的。到了9世纪，特别温和的气候使维京人能够朝西发展。公元870年左右，他们到达冰岛，一万两千多名维京人最终在那里定居下来。

　　"Viking（维京人）"其实主要是指挪威海盗。这个词很可能来自古挪威语"vik"，意为"湾"。维京人是指一种类型的挪威人，而不是国籍或民族。当一个挪威海盗离开他的船，在一个农场安顿下来，他就不再是一个维京人。

　　格陵兰岛的故事开始于一个脾气暴躁的冰岛定居者，人们称他为红脸艾力克，他一发脾气就会变得狂暴。艾力克因为谋杀罪而被流放到冰岛。他在一处农场安顿下来，娶了一个信仰基督教的妻子，养育了4个孩子。这种田园般的生活没有维持几年，艾力克的暴躁脾气又慢慢抬头。他因为一头牛与邻居打架，结果把邻居的儿子打死了。冰岛的国会投票，决定将艾力克驱逐出冰岛。

艾力克乘船朝着西部一处隐约可见的未知陆地驶去。他发现了陆地西南海岸一个很深的峡湾，那里有大西洋的暖流经过，气候与冰岛类似，很适合居住。艾力克觉得"更冷的岛"这个名字似乎没有多少吸引力，于是决定把这个新的领地称为"格陵兰"（Greenland，绿色的岛）。他在公元985年回到冰岛，经过一番劝说，使一群追随者相信格陵兰岛是开始新生活的理想之地。

大约25艘船出发驶向格陵兰岛。艰苦跋涉之后，只有14艘船带着450名新殖民者登上了格陵兰岛的海滩。从地理概念上说，格陵兰岛属于加拿大的一部分。艾力克一家及其朋友应该算是登上北美大陆的首批欧洲殖民者。只要申请就可以获得牧场的消息刺激了更多人来到格陵兰岛定居，在接下来的10年中，几乎所有适合做农场的土地都被抢光了。殖民者种植牧草喂养进口的牛羊等牲畜，他们不吃牲畜的肉，而是靠它们产奶和羊毛。他们以海豹肉为食，海豹肉富含铁，脂肪含量低。

尽管格陵兰岛的两个定居点比冰岛大部分地区都更靠南，但气候却更艰苦，因为冰岛和挪威有来自南部墨西哥湾暖流所带来的暖湿气流，而影响格陵兰岛的洋流带来的则是寒冷气流，冷风刺骨，还伴有大雾。寒风从北面带来浮冰，冰山常常封住峡湾，即便在夏季也是如此。

把这个岛称为"绿色"显然体现出挪威人在为事物命名方面的问题不少。这两个定居点中一个几乎就在另一个的正北面。然而挪威人没有把它们命名为"南殖民地"和"北殖民地"，而是把其中较大的一个鼎盛时期人数达到4000人的殖民地称为"东殖民地"，人口约为1000人的较小的称为"西殖民地"。后来的欧洲人在寻找移民地时往往被弄得晕头转向。他们以为东殖民地应该就在东边，然而事实上它却在西海岸。

早期的移民没有遇到因纽特人，促使维京人向西部扩展的温暖气候也使因纽特人踏上旅途。温暖的气候融化了曾经被冻冰堵塞的加拿大北部部分岛屿之间的海峡，这意味着这个地区的因纽特人特别喜欢的食物——大头鲸就能游到加拿大水域，于是因纽特人就跟随大头鲸进入加拿大，但他们在公元1200年左右当气候又变得寒冷时再度回到格陵兰岛。

格陵兰人在思想上还是坚定的欧洲人，他们渴望听到有关欧洲故乡的消息。每当船队到来，他们就立即模仿欧洲人的穿着时尚（维京人有一样东西不穿戴，那就是有两只角的头盔，那是专为 19 世纪歌剧演出准备的戏服）。他们喜欢与欧洲进行贸易，最有价值的出口物品是海象牙和兽皮。十字军东征切断了获取大象象牙的途径后，海象牙就是唯一可以获得的象牙。格陵兰岛出口的另外一种奢侈品是北极熊毛皮。北极熊毛皮极为罕见，以至于完全可以成为令人震撼的尊贵社会地位的象征。最不同寻常的贸易物品是雄性海象的阴茎骨，它的尺寸和形状正好可以用来做斧柄。

在 12 世纪早期，格陵兰人认为他们需要一个主教，这样既可以使他们的教堂更具有权威，同时还能巩固与欧洲文化的联系。他们让一位领袖艾纳到挪威去说服国王向格陵兰岛派遣一名主教。最初，阿诺德主教拒绝了这次任命，他说："我不擅长与固执的人打交道。"但在格陵兰人送给国王一只活的北极熊作为礼物后，情况有了转机。很快他们用海象的阴茎骨换来了教堂特有的钟和彩色玻璃窗。到了 14 世纪，教堂拥有了岛上三分之二的最好牧场。教堂还征收什一税，其中绝大部分被用于支持十字军东征。

公元 1100 年，图勒因纽特人陆续从加拿大北部回到格陵兰岛，他们与欧洲人的不睦也随之开始。挪威人称他们为"倒霉蛋"，有关这些"倒霉蛋"的最早记载中描述了发生在 11 世纪的一件事，"在挪威殖民地的更北端，猎人们遇到一种身材矮小的人……用刀捅他们，只要不致命，伤口就会变白，却不流血。然而出现致命伤口时，就会血流不止。"这次遭遇使得史学家贾德·戴蒙歪曲地评论，说它"预示了欧洲人和因纽特人不会和平相处。因为如果你第一次看到一个因纽特人可能就会试着去捅他一刀做个实验，看看他到底会流多少血。"

一旦挪威人意识到有旁人在场，他们就更加刻意去保护其欧洲人的身份。挪威人与因纽特人之间几乎不做贸易，挪威人还拒绝接受某些后来可能能挽救他们性命的因纽特人的风俗习惯。因纽特人已经在北极地区生活了几百年，他们知道如何凿穿冰层去捕鱼和打猎。他们使用渔叉，并用海豹皮造船，随着气候逐渐变冷，这些工具应该对挪威人非常有用。同时，由于格陵兰岛缺少铁矿，这就意味着挪威人没有一种武器能使他们像其他欧洲人那样享有超越土著的军事优势。

即使是气候温和的"暖期"，在格陵兰岛生存也根本没有保障。能种植的季节太短，到了8月还有霜冻，而10月峡湾又开始结冰了。当地不产树木，只是偶尔有几块西伯利亚的浮木冲上海滩，殖民者其余的木材全靠从挪威以及后来从加拿大进口。此外还进口铁用于制造武器、工具和教堂钟。格陵兰的挪威人完全依赖进口才能获得这些最需要的物资。最糟糕的是，遇到连年极度寒冷的夏季，农作物歉收，水手们就不会靠岸进行交易。最担心的事情却偏偏发生了。

当欧洲进入一个被称为"小冰期"的时代时，格陵兰岛的气温也在下降。最长的严寒期从1343年一直持续到1362年。许多北极地区的动物（也是挪威人捕猎的主要对象）迁移到了气候更暖和的地区，田地里也长不出多少牧草来喂养牛羊，挪威人开始与因纽特人竞争食物供应。与此同时，由于主要航线上出现浮冰，来自欧洲的运输船只也减少了。

1341—1364年居住在格陵兰岛的挪威牧师依瓦·巴达逊这样写道："冰从北面漂来，离礁石如此之近，任何人继续沿原路线航行都是在冒生命危险。"越来越多的水手不愿为了一些海象骨而踏上危及性命的旅程。

雪上加霜的是，海象牙的需求也大不如前，十字军为信奉基督教的欧洲国家打通了获得象牙的新渠道。而且，到了15世纪初，由于象牙随处可得，也再不是地位的象征，已经不流行了。

与欧洲的联系逐渐切断，庄稼歉收，可以猎杀的动物数量也日益减少，格陵兰岛的居民陷入饥寒交迫的困境。西殖民地首先屈服，它在1350年左右消失了。1361年依瓦·巴达逊来到西殖民地，发现那里已经空无一人。

1397年，格陵兰岛最后一位主教去世。教皇任命了一位新主教，但新主教却一直待在温暖的罗马遥控格陵兰岛殖民地。没有一位常驻牧师，教堂的权威大打折扣。格陵兰人蜂拥进入高耸的嘉德大教堂以及那些属于教会的土地。

随着北大西洋的风暴与严寒日益加剧，通往格陵兰岛的交通遭到延误并最终完全中断。1410年，最后一艘船驶离了格陵兰岛。在欧洲供应彻底切断后，挪威人被迫屠杀他们的牛羊甚至狗。最后一艘船离开25年后，东殖民地也消失了。生活在幸福之中的欧洲人没有注意到格陵兰人的悲惨命运，甚至到1600年，教皇还在为格陵兰委派主教。

1607年，一支由丹麦和挪威人组成的探险队出发去寻找格陵兰岛上的殖民地，结果却没有找到任何线索。当然，他们是在东部海岸寻找东殖民地。

10　从天而降的条约

　　以冰雹的形式从天上急飞而下的冰是大自然最富有戏剧性也是最具破坏潜力的表演。冰雹中的冰球形成于细小冻结的雨滴，气象学上称之为软雹。软雹在雷暴的上下气流中不断循环，不断集聚新的冰层，直到变得足够沉重并掉落到地面。有记载的最大一颗冰雹于1970年降落在美国堪萨斯州的卡非威里，它直径为14.40厘米、重0.76千克。据说1925年一颗重2.04千克的巨大冰雹降落在德国，它由几颗大冰雹冻结在一起。

　　在以前更为迷信的时代，冰雹往往被看成是上帝发出的凶兆。欧洲人尝试（但没有多少成效）通过敲响教堂钟声和发射大炮来避免冰雹。正因为如此，当爱德华三世的军队于1360年4月13日行进在巴黎至沙特尔杜途中，突然遭遇鸽子蛋大小的冰雹猛烈袭击时，他顿时感到事态很严重。

　　14世纪的英国和法国与今日大不一样。国王、王子和继承家族财产的封建大地主都有各自的封地，彼此为了保护和扩张地盘而不断发动战争。爱德华三世宣称自己为法国国王。故事要追溯到1066年诺尔曼征服，当时不列颠群岛和法兰西被分割成许多与如今的英国和法国相当的小王国，其中一群好战的法兰西人就是征服者威廉率领的诺尔曼人，他们于1066年从黑斯廷斯登上不列颠，并很快横扫英格兰。诺尔曼人实际上是维京人的后裔，英文"Normandy"（诺曼底）一词来源于"Norseman"（挪威人）。

　　威廉诺尔曼胜利后的20年中，诺尔曼人几乎完全接管了英格兰人的封地。在威廉王朝170名直属封臣（直接获得国王所封土地的贵族）中只有两名为英格兰人。上层社会使用法语，牧师和学者使用拉丁语，只有平民才使用盎格鲁撒克逊语言。那个时代的特征也体现在英语的庞大词汇中，英语的一个概念往往有三个同义词，一个来自盎格鲁撒克逊语言，一个来自法语，还有一个来自拉丁语（例如表示"君主"的词就有"king""sovereign"和"regent"）。征服者和被征服者彼此通婚，一个世纪以后就很难再把诺尔曼人和英格兰人区分开了。有权势的盎格鲁和诺尔曼贵族常常会在英吉利海峡两边都获取土地，并且一年之中在两地轮流居住。

1152年，阿奎丹的埃莉诺与安茹伯爵、诺曼底公爵亨利结婚。作为嫁妆，亨利（也就是后来的英格兰国王亨利二世）得到了法兰西西南部的阿奎丹封地。这种独特的盎格鲁−诺尔曼结合为后辈带来了诸多麻烦。

1204年，英格兰国王约翰领导下的盎格鲁−诺尔曼人丢失了英吉利海峡对岸的法兰西领土，尽管法国在军事和政治上的胜利并不是那么干脆。由于彼此通婚，已很难再分清哪些领地属于英国人，哪些属于法国人。1244年，法国国王下令让臣民选择他们愿意效忠的国王，"任何居住在我的王国同时又在英国拥有财产的人都不可能同时全力效忠两个君主，必须要么完全依附于我，要么依附英国国王。"臣民们选择了可能效忠的国王，但这并不意味着他们就乐意放弃有价值的土地。

这就把我们带回到英法百年战争的初期。看看你是否能明白下面的内容：当法国国王查理四世于1328年去世后，英格兰的爱德华三世，同时也是法国阿奎丹的吉耶纳公爵和英吉利海峡的蓬蒂欧伯爵，认为她是法国王位的合法继承人。然而根据法国的继承法，女性不统治国家。但爱德华辩解说这并不能排除她们的男性后裔。爱德华的母亲是查理四世的妹妹，查理又没有儿子，爱德华据此认为按照家族血统排位她就应该是法国王位的不二人选。法国的国会不同意这种说法，他们选择瓦卢瓦的查理的儿子，同时也是菲利普三世国王的孙子菲利普六世作为他们的国王。最初爱德华似乎接受这个决定，但后来她却带着大队军马来协助辩护。

1340年，爱德华自封法国国王。她充分利用诺曼底和布列塔尼之间的政治冲突，介入许多重要的法国省份并把它们变成法国北部的军事行动基地，远征基本成了掠夺的借口。此后15年，爱德华的骑士们游弋在各处乡村，迅速平定法国人的任何抵抗企图。1346年，英国人赢得克雷西之战，一年以后占领了战略重镇加来。1356年，爱德华的儿子，人称"黑王子"，俘虏了菲利普六世的继位者约翰二世。到了1359年11月，爱德华的军队已推进到兰斯，法国国王的加冕仪式通常就在这里举行。看来诺尔曼征服似乎要倒过来了。

攻打兰斯并没有爱德华预想的那么容易。在冬季对这座新加固的城市进行围攻并未奏效，由于天寒地冻，加之找不到粮草，军队人疲马乏。来年春天爱德华试图攻占巴黎也失败了。1360 年 4 月 13 日，英国人正朝沙特尔杜开进，天空突然变得昏黑，一场异常猛烈的风暴降临。闪电击中士兵，把他们的金属盔甲变成了巨大的导体。鸽蛋大小的冰雹砸在人和马的身上，冰雹的威力如此强大以至于当兰卡斯特公爵脱下锁子甲后，发现铁环已经压进了他的皮肤，留下血肉模糊的印迹。马匹和只穿了皮衣的普通士兵当即就被冰雹砸死。军队抵达布勒丁尼村庄时已是备受打击，人心惶惶。

爱德华三世和她的将士以前也经历过大自然带来的灾害，他们把这些灾害理解为上帝在发怒。1348—1351 年爆发的鼠疫令他们记忆犹新，于是总结出自然对你发怒说明你该停止了。很快爱德华放弃了法国王位，签署了布勒丁尼条约。在获得一大笔赎金后，爱德华放了法国国王约翰，班师回国。

故事到此似乎应该结束了，然而事实上它才刚刚开始。条约对法国一点也不利：加来和阿奎丹被割让给爱德华，相当于把整个法国南部让给了英国。法国人只好默默等待，积蓄力量去挑战这次领土掠夺以及随之而来的繁重赋税。1360 年的和平很快又被打破。

11 闪电与教宗制度大分裂

　　雷电是大自然最神奇的表演，猛烈、迅速，似乎还针对特定目标。霹雳的电光被看作是上帝的旨意，在神话中占据着特殊地位。古埃及神话认为塞斯用铁矛制造了闪电，希腊的众神之主宙斯则用闪电来左右特洛伊战争的结局，雅典娜女神借用宙斯的闪电来惩罚骄傲的埃阿斯。斯堪的纳维亚人则认为闪电是雷神的铁锤激起的火花。据希腊史学家希罗多德的记述，古波斯人认为"电光雷鸣是在惩罚那些十恶不赦动物的蛮横。在神的这些武器面前，你肯定看到过最富丽堂皇的宫殿和最高大的树木轰然倒塌。"

　　中世纪的教堂都有篆刻着"Fulgura frango（我驱散闪电）"的教堂钟，人们相信敲钟能预防风暴。具有讽刺意味的是，铜钟实际上会成为雷击的主要目标。一百多名教堂的敲钟者恰好死于他们正试图预防的雷电。

　　由此可见，正当主教团为教皇选举和教廷选址问题争论不休时，一道雷电击中选举大厅意味着什么。这是上帝意愿的清楚表示。主教当即决定将教廷从教皇居住了七十多年的法国阿维尼翁搬迁到罗马，并选出了一位意大利教皇。决定一完成，他们立即飞快逃出大厅，然而法国的主教很快就对这个决定感到后悔。于是历史上出现了一段被称为"东西教会大分裂"的时期，其中有两个——后来是 3 个——教皇彼此竞争基督教世界的权威职位。

　　阿维尼翁教廷的结束有些偶然。教皇博尼法斯八世一直与法国国王不和。1296 年，博尼法斯颁布了一份教皇手谕，禁止政府在未获教皇批准的情况下向教职人员征税，这触发了教会与政府的激烈斗争。1301 年，菲利普国王以叛国罪将一名法国主教打入监狱。博尼法斯迅即又颁布了一道手谕《一个神圣》，称教皇是人类所有事务的最高裁决者，国王行使的世俗权力需得到教会的批准，因为上帝凌驾于尘世之上。一年之后，教皇确认哈布斯堡的艾伯特为神圣罗马皇帝，并宣布罗马皇帝是包括法兰西国王在内的其他所有君王的霸主。

　　菲利普国王很快就动用了他的世俗权力，他指控教皇犯下包括信奉异教、亵渎神灵和同性恋等各种重罪，还通过派遣诺加莱到意大利去挑起反抗来证明他的至高无上。罗马的科隆纳家族希望在教廷有一位来自他们家族的主教，在诺加莱到意大利的前一年就曾发起过反对博尼法斯教皇的起义。双方相见恨晚，积极谋划新的行动，他们绑架了博尼法斯八世教皇，并威胁要杀害他。最后教皇虽然被救出，但这次经历对他打击太大，不久后就去世了。本笃十一世接任教皇。

再接下来的教皇克莱门五世是法国人。他认为教会与菲利普国王和睦相处是明智之举，于是作为权宜之计，将教廷搬回阿维尼翁，部分原因也是为了说服菲利普放弃审判已经去世的博尼法斯八世。此后 6 位教皇的驻地均在阿维尼翁。尽管每位都打算搬回罗马，但出于种种原因最终都还是留下了。

法国的教廷并非人人喜欢。处于英法百年战争时期的英国人就特别反对向法国交纳什一税。阿维尼翁教廷的奢华富足也疏远了许多天主教徒，意大利诗人彼特拉克在给一位朋友的信中写道："我如今居住在法兰西，西方的巴比伦……这里被加利利贫穷渔民的后裔所统治。当我回想他们的祖先，同时看到这些人穿金戴银，夸耀着王子和国家掠夺而来的财富；看到富丽堂皇的宫殿和筑起防御工事的高岗……"

最后一位获得正式认可的法兰西教皇是 1371 年加冕的格雷高里十一世。意大利此时已经被天主教徒发起的解放外国教皇统治运动搞得四分五裂。格雷高里十一世首先决定由日内瓦的罗伯特率领基督战士进入意大利平息叛乱。暴力激起了更多的暴力，成千上万人遭到可怕的杀戮。格雷高里后来觉得获得持久和平的唯一出路是一劳永逸地把教廷搬回罗马，尽管他的健康状况已经很糟糕，但还是在 1377 年 10 月 2 日登上启程的船只。途中教皇英勇面对风暴的大海，史学家吉约姆·莫拉曾这样写道："愤怒的波浪把船抛得东摇西晃；桅杆被劈开，缆绳被扯断，船锚被拖曳，惊慌失措的水手担心船会失事。"

漂洋过海的艰辛使教皇的健康进一步恶化。按莫拉的话说，"他已无力承受罗马严峻的气候。"1378 年 3 月，正当欧洲议会在商讨如何将教会权力向罗马转移时，格雷高里十一世逝世了，事情开始变得一团糟。根据教会法则，新教皇的选举必须在上一任教皇去世的地方举行。

教皇选举会议上有 16 位主教：绝大多数（11 位）是法兰西人，4 位是意大利人，还有一位是西班牙人。当他们在罗马集中举行选举会议时，一场巨大的暴风雨也正在酝酿之中，这既是比喻，也是事实。天空乌黑一片，雨点开始洒落，大厅外面聚集着一大群反法兰西的天主教徒，他们高喊："罗马人教皇！我们要一个罗马人当教皇！"部分示威者冲进圣彼得大教堂的钟塔后不停地敲钟。暴乱人群清楚地表明，如果下一任教皇不是意大利人，法兰西主教可能无法活着离开大厅。好像得到某种暗示，天空中一道令人目眩的闪电噼噼作响地穿入大厅，将部分家具劈为两半，火苗随之蹿起。这绝不是好兆头。

　　鉴于所发生的一切，主教团选出一名意大利人做教皇就显得较为明智——他就是乌尔班六世，但乌尔班并不是教会众望所归的人选。在被选为教皇前，他一直表现得少言寡语，谦逊有礼，然而一旦权力在握，他就显露出令人不快的一面。他的个性更适合做现代脱口秀节目中看似博学实则空谈的嘉宾。乌尔班最喜欢说"闭嘴！"和"你说得太久了！"他动辄骂主教为笨蛋和骗子。有人传说教皇乌尔班是疯子。阿维尼翁的主教最不服这个教皇。

　　法国的主教开始后悔在那种特殊情况下做出的决定。雷电的凶兆并不意味着他们一定得选一位罗马人做教皇，或许是上帝在警示他们即将犯下的大错。

　　法国主教于是宣布他们最初的决定无效，因为当时受到了暴动人群（还有天气）的胁迫。他们再次召集教皇选举会议，选出了一位新的教皇——克莱门七世。这位瑞士出生的教皇把教廷迁回阿维尼翁。令人惊讶的是，乌尔班并不打算主动离职。

　　天主教民众于是开始就该服从哪个教皇发生争执。每个教皇的支持者都把对方教皇贴上假教皇的标签，称他为"加略人犹大"。双方都声称对方采取的行动无效：受假教皇洗礼的儿童并没有经历真正的洗礼；由假教皇主持婚礼的夫妇不能算夫妇；死后接受假教皇祷告的人注定要下地狱，永世不得翻身。乌尔班的 7 名主教去请求他退位以结束纷争的局面，结果被处死。

　　乌尔班死后，克莱门以为罗马人会欢迎他这位真正的教皇，但是他错了。乌尔班的忠实信徒选出了一名新罗马人教皇，他就是博尼法斯九世。两个敌对的教皇继续统治，直到 1409 年召开比萨会议来解决这个问题。但是在会议结束时，反而同时有了 3 个教皇（会议又选了一个新教皇亚历山大五世来取代两个你争我斗的教皇，但是这两个教皇却都拒绝下台）。直到 1417 年，所有西方基督教世界一致承认教皇马丁五世，问题才终于得到解决。

12　泥沼成就了英格兰

如果你相信威廉·莎士比亚，那么阿金库尔战役的胜利全靠辩才。年轻的国王亨利五世面对十倍于自己的敌人岿然不动，他在士兵面前发表的演讲足以激起世上最热爱和平的人拿起武器去为他的祖国战斗。

> 从今天直到世界末日，
> 圣克里斯宾节年复一年。
> 战斗在这一天的我们，
> 也会永远被人思念。
> 我们人数不多，但很快乐，
> 我们是视死如归的兄弟团。

士兵们前赴后继，牺牲在光荣的战场上。6000名英国人对抗6万名法国人，出人意料的是，这个兄弟团在他们国王的指挥下，满怀对祖国的热爱，从疲惫中振奋精神，抓住时机，孤注一掷，反而赢得了战斗的胜利。从某种意义上说，莎士比亚笔下的圣克里斯宾节演讲是真实的。得益于此次激昂的演讲，阿金库尔战役也成为英国最为重要的历史事件之一。1944年劳伦斯·奥利维尔主演的电影《亨利五世》在英国观众中产生共鸣，他们当时正在与希特勒较量，而鼓励着他们坚持到底的也只有丘吉尔的演讲。

当然，这些话出自莎士比亚，而非亨利五世，而且它们是在阿金库尔战役200年之后所写的。莎士比亚还把部分细节搞错了，譬如，战役发生的城镇名叫"阿让库尔（Azincourt）"而不是"阿金库尔（Agincourt）"。真实的亨利远没有戏剧中那样的感召力和演说天赋，英国人的胜利很大程度上得益于法国贵族的风俗传统以及阴雨天气。

以阿金库尔战役宣告结束的英法斗争，源于亨利声称他是法国王位的合法继承人，除非法国人屈服于他的要求，否则他将用武力夺回。如果今天的英国女王伊丽莎白突然宣称她是法国的合法统治者，人们肯定会说她疯了，但当时亨利的声明虽然值得怀疑，却也不是完全不可理解。我们今天的"英国人"和"法国人"概念与1415年相去甚远。事实上，我们感觉英国人和法国人是截然不同的两个民族，这在很大程度上是英法百年战争的结果。英法长达一个世纪的纷争以及阿金库尔战役促使英国的臣民有了作为"英国人"的意识。

亨利五世出生于1387年，是亨利四世的长子，从小由叔叔理查德二世抚养。亨利是自诺尔曼人入侵以来的首位英国人国王，他从小就学习用英语阅读和写作。亨利用来证明自己有权继承法国王位的依据漏洞百出，首先他又抬出爱德华三世陈旧而失败的法国王位合法拥有者的声明，因为亨利是英国国王，所以他应该统治法国，但问题是亨利五世和他的父亲亨利四世都不是爱德华的后裔。但这没关系，只要对法国开战就肯定能获得臣民的支持，不管背后的逻辑多么牵强。

1415年，年仅27岁的国王率领3万人入侵法国并攻打哈福鲁尔，哈福鲁尔的守军由于痢疾暴发而战斗力大减，最后英军破城后也感染上了痢疾。9月夜晚的清凉加之疾病使亨利的军队伤亡过半，疲乏无力的士兵根本无法与法军交锋，这一点亨利很清楚。他决定先撤退到加来的堡垒，再重整队伍，约900名重骑兵和5000名弓箭手开始了艰苦的跋涉。高烧不止的英国人在17天走了418千米，并且大部分时间是在雨天行军。供应被切断，他们食物短缺，最后只剩下干肉和胡桃。

假如当时法国人就这样放这位年轻的国王带着疲病之师狼狈回国，我们今天谈论的可能就是"英法六十年战争"，而不是"英法百年战争"了，因为那样一来，亨利的整个行动将以颜面扫地的失利告终。但是法国人却切断了亨利的逃跑路线，准备以一次决定性的胜利结束他的征讨。逃窜无门，亨利的唯一选择就是昂首战斗。法国人的盲目自信以及时机正好的一场雨，使亨利赢得了一次震撼人心的胜利，这次胜利也极大地提升了英国人的民族自豪感。

如果法国人曾侦察过地形，就会发现没有什么地方能比阿让库尔更好地抵消他们的优势了。亨利的军队占据了一条狭长的田野，两边满是灌木丛，法军只能从前面发动攻击，而且狭窄的空间也无法进行大规模的行军布阵，法国人数上的优势反而对他们不利。圣克里斯宾节的前夜下了一场大雨，阿让库尔刚犁垦过的农田变成了深深的泥沼，亨利派人在地面铺上原木以承载马匹以及马身上满身盔甲的骑士的重量。

大雨不仅降落在英国人身上，也降落到法国人身上。双方士兵的行动都受到泥泞田野的阻碍，但由于双方战斗方式显著不同，泥潭对法国人更为致命。英军主要依靠远距离攻击的弓箭手，只有少数的重骑兵，重骑兵在中央排成 3 个方阵，之间由楔形的弓箭手队伍相连。许多弓箭手都曾是罪犯，为逃避牢狱之灾而参了军，他们并不受骑士规则的约束。在法国贵族眼中，他们不过是一群莽夫，不足为惧。

只有法国军队在地面未干之前进入田野，亨利才有机会。因此他命令弓箭手向敌人进攻，挑衅法国人。法国人果然上当，大队全副武装的骑兵骑着高头大马向英军阵线冲杀过来。当他们接近对手时，战场变得越来越窄，法国骑兵像进入漏斗的沙子般挤成一团。即便在晴朗天气，如此狭窄的田野也会使军队的密度从每平方米 2 人增加到每平方米 4 人，并减缓 70% 的前进速度。泥泞的路面使法军的前进速度更慢，形成了一个瓶颈。

当法国骑兵来到田野的另一端时，他们发现英军弓箭手隐蔽在削得尖尖的长树桩后面。冲在前面的几匹马被树桩刺穿，其余的吓得掉头就逃，与后面继续朝前冲的马堵塞在一起。与此同时，英军的箭矢倾泻而至，每分钟有 4 万支箭射向法国骑兵。尽管其中大部分被盔甲抵挡，但马匹就没有那么幸运了，受伤的马狂跳，将骑兵掀翻在地，只见战场上人仰马翻，乱成一锅粥。法国重骑兵穿戴的盔甲重达 27 千克，在如此拥堵的情况下，根本无法动弹，有些人简直连武器都举不起来，更谈不上战斗。一个士兵倒下，周围的人也会随之倒地，许多法国士兵死于窒息，因为自己人的挤压，使其溺死在泥地里。随着尸体堆积，后面还在继续前进的队伍只能攀越尸体，正如同时期作家所言，他们简直就是在"堆建一道死亡骑士之墙"。

英军弓箭手射完了所有的箭，然后冲进战场，攻击匍匐在地上的骑士。一位佚名的 15 世纪编年史作者如此记载："用光了所有的箭以后，他们抓起周围地上的斧头、树枝、长矛甚至是草皮，向敌人猛砸猛砍猛戳。万能而仁慈的上帝所做的一切都妙不可言，他对我们表示出仁慈并赐予我们的战士无穷的力量……"

趁弓箭手们抽不出身，法军偷袭了防卫薄弱、运载补给和军饷的英军车队，亨利立即派出部分预备部队去保护车队。就在英国骑士忙于抓俘虏时，法国第三线骑兵突破了弓箭手阵地。亨利害怕如果他的士兵转而与法国骑兵交战，他们的俘虏会从后面发起攻击，于是做出了一个完全违背骑士精神和规则的命令：他命令骑士杀死俘虏。英国骑士对此大为震惊，并拒绝执行命令，部分是因为这有损他们的荣耀，而且当时的传统做法是用俘虏来换取黄金。弓箭手们没有这些规则，也不受金钱的诱惑，于是亨利派遣两百名弓箭手驱赶俘虏上刑场，然后将他们割喉或用大头短棒打死。一些法国最显赫的贵族就这样惨遭毒手，只有少数能换取最高赎金的人幸免于难。屠杀一直持续到法国第三线骑兵撤退，莎翁并没有将这一情节写入剧本。亨利不顾战争规则，屠杀战俘，更激起了法国人对英国人的仇恨，对缩短战争毫无益处。

战斗结束时，英国人只剩下 2000 名俘虏。他们先被带到伦敦，然后换取了赎金（还有部分人，如奥尔良公爵，一直未被赎回，他作为战俘被关押了25 年）。阿让库尔战场被法国人的鲜血浸泡，一万多名重骑兵牺牲，其中有一千五百多名各级贵族，他们中许多人死后都一丝不挂，因为他们的盔甲都被抢掠一空。

在法国人的眼中，阿让库尔战役并没有特别的意义，它只不过是中世纪一百多年纷争中或胜或负的众多战役之一。把法国人团结起来的人物是圣女贞德，她在 1429 年奥尔良围困战中逆转了英国人对法国国土的统治，在火刑柱上被烧死使她成为烈士，促进了我们今天所知道的法国民族特性。而对于英国人来说，说英语的亨利五世在"阿金库尔"的胜利将他们作为一个民族团结在一起。

《英国人》一书的作者杰弗里·埃尔顿曾说："所有这些起起伏伏都对一个国家的历史产生影响，使它反反复复地处于傲慢得意与懊悔沮丧之中。其中一种持久的影响就是对民族自我身份的确认：英国人，各种社会阶层的英国人都认为他们很棒。英国人喋喋不休的自我标榜甚至令外国游客都感到厌烦。"

英法百年战争中绝大部分事件和人物都早已被人遗忘，但莎士比亚对阿让库尔战役诗意的叙述，却使得圣克里斯宾节在英语国家一直被人铭记。

13 战争迷雾

在内战期间，朋友和敌人很难区分，这一点在英国玫瑰战争的一次重要事件——巴尼特战役中得到了最好的说明。由于浓雾弥漫，战役当天整个战场一片混乱。大量的伤亡是由盟军造成的，脆弱的结盟以及家族的背叛言犹在耳，战役蜕变为混战。

玫瑰战争是英国王位的争夺战，其根源要追溯到爱德华三世。两个家族都宣称他们是英国王位的合法继承人，因为他们分别是爱德华三世两个儿子的后裔。

亨利五世（属于佩戴红玫瑰家徽的兰卡斯特王朝）并没有怎么享受到阿让库尔战役的胜利果实就于1422年去世了，留下唯一的继承人——9个月大的亨利六世。这个小男孩是否具备领袖气质尚不得知，但这并不重要，他是国王的儿子就足够了。在孩童时期，亨利六世的叔辈们为了控制年幼国王的政权而大打出手。

青少年时期的亨利仍然很腼腆，沉默寡言。他讨厌冲突和战争，大部分时间都花在学习上，或者为慈善捐钱，他捐出的钱比自己实际拥有的还多——这些都是一个僧侣之类值得赞颂的品质。而对于一个15世纪的英国国王，这些品质一点用也没有。这位谦逊的国王偏偏选了一位强悍的法兰西女子为妻，她就是安茹的玛格丽特。她有着他所缺乏的统领才能，但同时也树敌于那些不喜欢女人具有如此品质的人群。

在亨利统治期间，英国曾经占领的法国领土又被圣女贞德和查理七世收回，国家陷入重重债务，更为糟糕的是亨利六世患有精神疾病。如果亨利是一位英明果敢的国王，约克王朝（家徽为白玫瑰）可能永远也不敢去争夺王位，毕竟，兰卡斯特王朝自从1399年以来一直占据着王位。然而，疯疯癫癫的亨利完全无法履行国王的职责，因此沃里克伯爵理查·奈维尔（绰号"国王制造者"）推举第三代约克公爵（爱德华三世的后裔）理查·金雀花任摄政王。当亨利康复以后，他想夺回自己的王位，在这件事情上他的妻子玛格丽特比他更为迫切。于是双方网罗支持者，接下来就是英格兰人与英格兰人开战。

我们在此不打算去细述兰卡斯特王朝和约克王朝之间所经历的每一场战役以及各种命运的转折，其跌宕起伏的程度远远胜过肥皂剧情节。我们就快进到1465 年，亨利六世已经被罢黜并被关进伦敦塔。他被沃里克伯爵带入牢房，沃里克已经成为前约克公爵、接替亨利王位的爱德华四世的心腹大臣。爱德华四世正在为成为新国王而庆贺之际，沃里克伯爵已启程前往法国，因为英国国王与法国公主结婚已经成为一种传统，并且法国路易十一世国王又正好有一个尚未出嫁的妻妹。如此的联姻被认为可以巩固两国的和平，这种做法以前并未见效，唉，它终归要起一次作用吧。

然而就在沃里克出发去为新国王寻找合适新娘的时候，爱德华却秘密地与兰卡斯特家族的一个寡妇结了婚。新王后伊丽莎白·伍德维尔很快担当起皇室红娘的角色，为她的家族安排符合政治利益的婚姻，而这又损害了沃里克伯爵家族的利益。后来，爱德华宣布与勃艮第达成协约，其中包括将他的妹妹约克的玛格丽特许配给大胆查理。这个决定损害了沃里克与法兰西国王的关系，沃里克恼羞成怒，"国王制造者"认为是时候赶国王下台了。在他以前的敌人安茹的玛格丽特以及法国路易国王的帮助下，他废除了爱德华，将亨利重新扶上王位。沃里克的小女儿安妮·奈维尔嫁给亨利十几岁的儿子威尔士·爱德华为妻。如果亨利能够保住王位，安妮有朝一日就是英国的王后或女王。

于是我们来到巴尼特战役，也就是前国王爱德华与曾经是他左膀右臂的人之间的战斗。交战双方的士兵都包括一些如今是盟友但却曾经是敌人的人，战斗在 1471 年的复活节打响。沃里克的军营靠近巴尼特，人数约为 9000 人，比爱德华的约克王朝军队人数稍微多一点。沃里克的右翼由他的妹夫第十三代牛津伯爵约翰·德维尔率领；他的弟弟蒙塔古第一侯爵约翰·奈维尔率领中路；第三代埃克塞特公爵亨利·荷兰（无血缘关系）率领左翼，沃里克亲自领军居中。

爱德华的军队晚上才赶到战场。为了在第二天一早就能投入战斗，他命令靠近兰卡斯特人扎营。爱德华率领中军，哈斯丁勋爵居左，统帅右翼的是爱德华 18 岁的弟弟格洛斯特的理查德。理查德和爱德华都是约克的理查与沃里克伯爵姨妈西西里·奈维尔所生的儿子。当理查德还很小的时候，伯爵事实上曾照顾过他。

这两支军队鬼使神差地把营扎在离对方距离比他们打算的还要近的地方——只有 182 米远。沃里克以为爱德华的军队距离相对较远，命令整夜用大炮不停地轰击爱德华的军营。看到大炮从头顶漫无目的地飞过，爱德华命令士兵不要开枪，以免暴露他们的位置。

战场周围都是沼泽地，产生出浓浓的地面雾。第二天晨曦时分，双方士兵几乎看不见别人。4 点以后，双方的阵线开始朝他们认为敌人应该在的位置推进。彼此冲撞在一起时，他们才突然明白自己的右翼与敌人的左翼重叠在一起了。双方的左翼都遭到敌人的背后袭击，这在当时的作战方式中是完全未曾出现过的。一开始，沃里克处于优势，爱德华的左翼撤退，牛津伯爵挥军追击，据说他们一直追到伦敦才停止奔跑。最初本来爱德华国王的右翼击败了兰卡斯特人的左翼，但是格洛斯特的士兵在追击时穿越一道如今被称为"死人坑"的深坑时却损兵折将。

对爱德华而言，较为幸运的是，使他们步入灾难的大雾同时也掩盖了大队人马的尸体。约克人根本不知道他们在人数上处于何种劣势，只是一味地与沃里克的中军奋勇厮杀。

战争迷雾就在这时变得完全对爱德华有利。牛津伯爵在彻底击溃了哈斯丁勋爵之后重新集合队伍，重返战场。阴霾之中，他们看不清前线的方向已经改变，不是冲向爱德华的军队，相反，他们径直冲向蒙塔古侯爵率领的自己人。蒙塔古看到大队骑兵朝自己冲过来，但在灰暗的天色里，他把牛津部队的标志（一颗星与波纹）错看成爱德华部队的标志（太阳与光芒），以为遭到爱德华骑兵的进攻，于是命令弓箭手放箭。

当牛津部队发现自己遭到蒙塔古部队的攻击，他们的第一反应就是蒙塔古已经临阵变节。他们大叫："通敌叛国！背信弃义！"伯爵带着人马逃离战场。兰卡斯特军队实力大减。而且，沃里克的军队此刻已经完全晕头转向，士兵搞不清楚谁与他们站在一边，而谁又在与他们交战。

到了上午 8 点，蒙塔古已战死，牛津已逃走，埃克塞特下落不明。沃里克此前一直在与敌人肉搏，此刻只能爬上他的战马。战斗的前线已经移动了很远，沃里克要回到部队还要走很远的路。爱德华了解到沃里克的处境后，命令部分人马去留住伯爵的性命，但是太迟了。当他们找到沃里克时，他已经变成尸体，身上值钱的盔甲荡然无存，眼中还插着一把刀。

巴尼特战役是兰卡斯特王朝灭亡的开始。在下一场战役——修克斯贝尔战役中，亨利六世的继承人爱德华王子阵亡了。很快，安茹的玛格丽特被抓，最后由路易国王赎回。亨利六世在爱德华国王凯旋回到伦敦后几个小时之内也去世了。官方的记载称他死于"抑郁"，但真实的死因很有可能是被格洛斯特的理查德谋杀了。

后来安妮·奈维尔确实当上了女王。亨利六世死后，他儿子的遗孀成了男士争相获取的香饽饽。格洛斯特理查德的弟弟乔治想将奈维尔家族的财产据为己有，掳走了安妮。但理查德后来又从乔治的住处偷偷接走安妮并与她完婚。格洛斯特伯爵后来成为了国王理查德三世。

14 迷失的西伯利亚人

每一个学龄儿童都知道：哥伦布发现了美洲大陆。当然，他发现美洲类似于一个现代旅游者发现了一个较为偏僻的小酒馆：当地人早就知道它的存在。

所谓的新世界并不是某些历史教科书所说而你又信以为真的那样荒无人烟。事实上，史学家威廉·麦克尼尔估计，我们如今称为美洲的这片土地，在1492年哥伦布还航行在蔚蓝的大海时，其土著人口就有1亿，而当时整个欧洲的人口只有7000万。

那时居住在今天新英格兰的土著人也并不是游牧民族，他们有村庄和城镇。他们或务农，或从事技艺高超的手工业，他们拥有的技术在许多史学家的眼中足以与欧洲同时期的技术媲美。

那么欧洲人凭什么能够如此迅速而彻底地将这块"新"大陆变为殖民地的呢？所有的原因归根结底可能就是来自西伯利亚的凛冽寒风。要说清楚，我们还得从头开始。

我们的世界源于宇宙大爆炸。再往前，或许我们不必追溯到那么遥远，让我们从已经存在的太阳系开始吧。地球诞生了，它只有一颗卫星。地心引力维持了地球这颗行星活跃支撑生命的大气层，有机生命开始蓬勃生长。单细胞生物变得越来越复杂，然后离开大海，进化为哺乳动物。恐龙繁衍并消失，人类开始取代它们成为地球的主宰。大约在4.5万年前，人类开始形成语言和技能，他们能够制造工具了。虽然许多工具都是在矛和轮子发明的基础上产生的，而我们故事中的一项技术创新却更重要：针和线的发明。

冰河时期的晚期，今天我们称之为俄罗斯的地方气温冰冷刺骨。今天的西伯利亚与那时相比简直就是热带天堂，西伯利亚被冰雪和冰川湖所覆盖。寒冷的冰川风吹过平原，如此残酷的环境一直没有人居住，直到有人发明了有孔眼的针。这个小小的发明使得人们可以将皮毛缝制在一起，他们将不同动物身上的皮毛组合在一起制作合身的外套、帽子以及靴子。

这些人最早懂得制作多层织物的服装，该习惯至今还被生活在北方的人使用。下次你母亲唠唠叨叨地劝你在冬天穿夹层衣服时，你可以想象她的母亲，以及她母亲的母亲，以此类推也曾经这样做，这个良好的传统可以一直追溯到3万年前。

当然，哪怕最好的夹层服装也有局限。随着气候在极地苔原带上下波动，人类也随着气候的变化而迁移。天气变暖和了，他们就搬得朝北一点；气温回落了，他们又朝南迁移。这种游牧式的生活方式使苔原带居民生存了下来，同时也使人群扩散到更广阔的领地。大约1.35万年前，冰河时期结束，气温开始转暖，小股猎民陆续进入到亚洲的东北角。他们中的一部分人漫游到一片如今已不复存在、被考古学家称之为中白令陆桥的地方，这个地方通过如今的白令海峡连接亚洲和北美洲。

即便在今天，阿拉斯加与西伯利亚之间的距离也很短，最近处只相隔4千米，厚厚的冰层有时可以供人们从一端走到另一端。当然，大气气候允许，但政治气候未必允许。旧金山的约翰·威贸斯在1986年从美国一端走过冰冻的白令海峡进入苏联，一下子成为国际事件的焦点。经过两星期的审讯以及美国国务院与克里姆林宫之间的谈判，这个流浪者终于使两国政府相信他既不是叛国贼也不是间谍，只不过是一个充满好奇心的普通人，觉得从一个大洲步行到另一个大洲应该很好玩，最后一架军用直升机将他送回了美国。

1.5万年前还没有俄罗斯，没有美国，也没有边界，最重要的是，也没有白令海峡。美洲大陆的第一批人类并没有刻意踏上移民的旅程。他们与其说是美洲土著人，还不如说是迷失的西伯利亚人。少数亚洲人一次次在打猎和寻找食物的过程中逐渐向东移动，气候、植物、相邻土地上的每一样东西都那么熟悉。西伯利亚大草原上的居民向东向南迁移，填补了此前一直无人居住的土地，最后中白令陆桥消失在海面之下。当欧洲人在15世纪再次发现自己的亲戚时，他们再也认不出这些人了。这又回到我们故事的开始，即1492年，在我们如今称为美洲的土地上，土著人口已经达到1亿。

尽管欧洲人在钢枪铁炮的技术上稍微占有一点优势，但使他们能主宰美洲的却是一种秘密武器，一种甚至连欧洲人自己都不知道的武器：病菌。

那时，人类大多数的疾病源于地球温暖的气候。随着人类进入西伯利亚等冰冻地域，部分生存在人体以外环境的微生物失去了机会。美洲土著人的西伯利亚历史意味着，他们从来就没形成对肆虐欧洲的致病菌的免疫力。当他们进入一片未开发的大陆时，美洲土著人也将疾病抛在了身后。

在 17 世纪清教徒前辈移民登陆美国马萨诸塞之前，英国和法国渔民开始在新英格兰海岸捕鱼。他们偶尔也会靠上海滩与本地人交往，这些不起眼的接触却给本地人带来了灭顶之灾。不到 3 年，一场瘟疫消灭了新英格兰沿海 90% ～ 96% 的居民。相对而言，黑死病只夺走了 30% 的欧洲人口。一个个城镇空无一人，那么多的死人以至于根本无法全部掩埋。遭病痛折磨但幸存下来的哀悼者抵挡不住欧洲人的入侵。事实上，万帕诺亚格人热情款待普利茅斯清教徒移民的原因之一，就是他们的部落因疾病而实力锐减，以至于他们害怕遭到西边邻近部落的攻击而与清教徒结盟以获得保护。欧洲人的殖民十分迅速，因为欧洲移民往往只需搬进被废弃的美洲土著人村庄和农场。墨西哥人说西班牙语也主要是因为这个原因，当西班牙人开进今天的墨西哥城时，他们发现阿兹特克人已遭天花毁灭，尸横遍野，西班牙士兵只好从尸体上走过。西班牙人基本上对天花都具有免疫力。

欧洲移民定居下来以后，带来了更多的疾病。他们在农场上养殖并非本土生长的牲畜：绵羊、山羊、奶牛以及猪。这些动物携带了链球菌、癣菌、炭疽杆菌以及结核杆菌等能传染给人的病菌。历史学家记载，在 1520—1918 年间，美洲土著人中暴发了多达 93 次的流行病，包括鼠疫、麻疹、流感、结核、白喉、伤寒、霍乱以及天花。

当时的欧洲人和美洲土著人根本不知道什么是病菌。他们只看到一个群体被一次流行疾病毁灭，而另一个群体却毫发无损。许多土著人在面对如此毁灭性的打击时，开始认为他们的上帝背叛了他们。有历史记载，本土萨满教巫师破坏了他们部落的圣器，部分人皈依基督教，还有人选择自杀。等他们有能力重新集结起来挑战入侵者时，欧洲人早已站稳脚跟。

欧洲人把这些疾病看作是上帝在帮他们，这就增强了这块土地本来就应该属于他们的信念。马萨诸塞湾殖民地总督约翰·温思罗普称这些土著人遭受的瘟疫"如同奇迹"。

到了 18 世纪，疾病的原理逐渐被人们知晓。1721 年波士顿的马瑟牧师为

240 人接种天花疫苗并成功预防了这种疾病。这些疾病知识同时也被某些人处心积虑地加以利用，以便从土著人疾病暴发中获益。1763 年加拿大总督杰弗里·阿默斯特策划了一次阴谋，准备"根除这个可恶的种族"，他"设法将天花送到那些未遭疾病侵袭的部落"。他把来自医院天花病床的毛毯作为"礼物"送给两个酋长。为了缅怀他，马萨诸塞州诺沃塔克部落曾经居住的地方如今已被称为阿默斯特。

史学家詹姆斯·罗文曾写道："'处女大陆'的原型……潜意识中影响到对土著人口的猜测。这块土地其实并不是人类从未涉足的荒原，只是刚刚丧偶的寡妇。"

亚洲北部恶劣的气候带给美洲大陆土著几个世纪前所未有的健康。然而具有讽刺意味的是，正是这种健康导致了他们的毁灭。由此可见，西伯利亚的冰川风为我们今天熟知的美国社会顺利发展铺平了道路。

15 气候异常与女巫审判

快！证明你没有操控天气！你能做到吗？

然而就是这个问题却在15世纪至17世纪被强加给无数的人，尤其是妇女。回答错误就足以让她们送命，蹊跷之处在于：它根本就没有正确答案。

1562年8月3日，德国卫森斯铁格上空笼罩着令人不安的乌云，即便到正午还是漆黑一片。滂沱大雨倾泻到房屋和田野，毁坏屋顶、窗户以及庄稼，随后百年未遇的冰雹狂降，受灾面积达到几百平方千米。翌日，痛苦不堪的农民发现他们的牛马都被砸死在地里。树木的枝叶全被打落，变得光秃秃的。田野里还躺满了鸟儿的残骸，旁边就是眼见就要到手的好收成如今却被砸得稀烂的农作物。是什么造成了如此不寻常的灾难呢？科学的回答是气象学家称之为小冰河时期的气候变化，而失魂落魄的农民能想到的唯一答案就是巫术。

几天内，几个妇女被路德教派的法官赫芬斯坦逮捕，其中6位拒不承认施展了巫术的妇女遭到了处决。其他人说她们忏悔，并请求宽恕，为了显示配合当局的诚意，她们声称看见了来自40千米外的埃斯林根镇的妇女聚在一起施法。于是一场针对女巫的疯狂运动展开了，牧师托马斯·纳奥格奥古斯负责此事。与饱受冰雹摧残的卫森斯铁格不同，埃斯林根只有少数人在谴责巫术，埃斯林根市议会警告纳奥格奥古斯注意其言论。3位因巫术罪名遭到逮捕的妇女也很快被释放，纳奥格奥古斯被革职，一年后去世。

卫森斯铁格的赫芬斯坦得知同伴缉拿女巫的呼声竟无人理会而大为惊恐。他无法阻止埃斯林根的恶魔，只好做唯一能做的事：在自己的家乡加倍努力。那年秋天，赫芬斯坦又逮捕并处决了41位妇女，12月份再宣判另外20位妇女死刑，到年底，共有63名女巫被火刑烧死。

史学家与考古学家无法就小冰河时期具体的发生时期达成共识。部分学者认为始于1300年，而有些学者则认为始于1450年。部分学者认为该时代终于1770年，而有些学者认为终于1860年。尽管如此，大多数学者还是同意气候最恶劣的时期在 1570—1630 年间。他们达成共识的还包括：天气反复无常，气温极低。荷兰的运河完全封冻；即使船只能离开港口，也势必遇到危险的冰山；自给自足的农民面临饥饿。然后天气又变得异乎寻常的炎热，之后再度跌入严寒。到了 1500 年，欧洲夏天的平均气温比中世纪暖期的夏天下降了 7℃。

　　由于农作物歉收，村镇的居民发现自己处于挨饿的边缘。受惊的人们尝试重新获得某些生命的操控感。一旦发现某人有任何过错，他们只要尽情迫害此人，问题就会得到"解决"。如此一来，对巫术的审判变得日益频繁。在 15 世纪 30 年代，首次系统搜捕女巫运动在瑞士的部分地区展开，最初教会拒绝承认女巫操纵天气的说法。但在 1484 年，教皇英诺森八世改变了立场，颁布了一道教皇手谕《最高的希望》，表示女巫可能制造恶劣的天气。在教皇的要求下，一本罗列如何处置女巫的最重要书籍《女巫之钟》出版了，它由同属道明会的科隆大学校长史普林格与萨尔茨堡大学神学教师兼蒂罗尔审讯官克雷默联合编撰。该书在 1486—1600 年间共重印发行了 28 版，影响深远。书中描述了女巫的特征，以及公认的审问（酷刑）和处罚（处死）方法。其中一章标题为"女巫如何唤起雹暴和暴雨并引发闪电摧毁人类与牲畜"。女巫审判在中欧和南欧的部分区域盛极一时，共同的罪名就是呼风唤雨、改变天气。

　　这就是当时德国天气日益恶化时国内的社会现状。1561—1562 年的冬天，德国遭遇大雪。等大雪融化时，农田又被冲毁，牲畜挨饿生病。食物价格飞涨，穷人根本买不起。许多经常做礼拜的教徒只能猜想这是上帝因为人类的冒犯而发怒。对女巫的恐惧通常不是自上而下，而是自下而上蔓延开来的。遭受反常事件重创的农民要求当权者采取行动，而当局又往往无力对抗群众的意愿。

　　一位来自法兰哥尼亚城镇泽利的作家在 1626 年写道："一切都被冰冻，这在人们的记忆里还从未有过。物价因此大涨…… 于是下层民众接连诉求，质疑当局为何继续纵容女巫和男巫破坏庄稼。鉴于此，王子主教下令惩罚这些罪行。"

　　整个 16 世纪 60 年代，欧洲各地都掀起了女巫审判。零星的指控偶尔出现在各个地区，但是大规模审判紧随大规模"反常"事件，也就是奇怪的天气。1570 年，农作物歉收，女巫被烧死。虔诚者要彻底根除女巫，从西班牙和葡萄牙，从俄罗斯到斯堪的那维亚。1580—1620 年间，仅瑞士伯恩一个地区就有一千多人被当作女巫加以处决。男人和妇女都受到指控，处决的方式包括绞刑、火刑、溺毙或其他更有创意的方式。

欧洲史上最大规模的女巫搜捕事件发生在法国的洛林和特雷维斯。据估计，在 1581—1595 年间，约 2700 人因为巫术而被处死。特雷维斯的圣西蒙教堂教士林登解释了这些迫害背后的思维方式："整个时期，（斯考内堡的大主教约翰七世）必须与其子民一起忍受持续的食物短缺、气候恶劣以及农作物歉收。19 年中，只有两年有收成……因为人人都认为，庄稼颗粒无收是女巫魔鬼般的仇恨造成的，所以全国都支持将她们消灭干净。"

在积极保护自己免遭邪恶之人祸害并安抚惊慌失措民众的过程中，法官们靠的却是谣传、传闻以及刑讯逼供得到的证词。受审的对象为了免遭拷打，讯问者想听什么就说什么。为了保命，女巫会假装忏悔，皈依新教，并指证邪恶。她们会供出"同谋"的名字，然后所谓的"同谋"就被押上法庭受审，被指控的恶魔供奉者范围日益扩大。

德国牧师施比是对那些审判提出批评的人中最直接的一个。他是监狱牧师，专门为即将被处死的女巫祈祷。

"我愿发誓做如下陈述：我领向火刑柱的任何妇女，无论从哪个方面衡量都无法使我谨慎地认为有罪。"他说，"我们并非都是巫师的唯一理由就是酷刑还没有加诸于我们身上。"

酷刑似乎总是伴随着寒冷一起袭向村庄。史学家贝林格对欧洲的女巫审判进行研究后发现，女巫迫害高峰与 1560—1574 年、1583—1589 年、1623—1630 年以及 1678—1698 年间的"持续严寒"具有相关性。自 1730 年开始，气候变得更加稳定，公众的情绪也随之稳定下来。零星的女巫审判在中欧一直持续到 18 世纪 70 年代，但是规模都不如小冰河时期那般盛大。

"因此启蒙时期的旭日东升终结了黑暗的女巫搜捕时代，"贝林格写道，"这绝不仅仅是比喻的说法。"

16 "新教风"折毁西班牙 "无敌舰队"

　　1588 年英格兰打败西班牙"无敌舰队"一直被认为是西方文明史上最重要的战役之一。西班牙国王菲利普二世催动艘艘战舰，征讨他的妻妹伊丽莎白一世统治的、业已成为新教的英格兰，目的是为了创造一个安全的天主教世界以及使商船免遭海盗的威胁（英格兰的私掠船不想去新大陆，因为他们可以在大西洋上抢夺西班牙商船的货物）。

　　"如果西班牙'无敌舰队'成功登陆，"菲利普·费尔南德斯·阿莫斯图在《新政治家》杂志上撰文，"英国人的抵抗将土崩瓦解。伊丽莎白一世将被迫签约……那样一来，将没有新教的英格兰，也没有独立的荷兰，也没有 17 世纪的良知冲突，没有英国的内战，没有大不列颠联合王国，也没有大英帝国，最重要的是，因为没有'清教徒前辈移民'——他们将在英国审判中沦为牺牲品——也不会有美利坚合众国。"如果不是因为风向的原因，所有这一切都将成为历史。

　　西班牙天主教徒国王菲利普二世组织的西班牙"无敌舰队"在 1588 年 5 月 9 日扬帆出海时，肯定蔚为壮观。大小战船 130 艘，全部插满带有圣十字架的宗教旗帜。其中 65 艘战船满载大炮和武器，船上共有 19295 名士兵和 8050 名军官及水手。此外，船上还有 180 名牧师和僧侣每天做弥撒，同时也准备在战争结束后令英国民众皈依。

　　巨大的舰队计划朝北航行，与驻扎在荷兰的 3 万西班牙部队会合。这样总兵力将达到 5 万人。但从一开始，天公就不作美，西班牙人刚从里斯本登船，菲利普国王鼓舞人心的话语言犹在耳，"国王陛下的主要目的就是为上帝服务"，大风就把他们朝相反的方向吹去。等到风向转变时，他们已经来到葡萄牙西南端的圣文森角。最后，他们掉转方向往回航行，到达西班牙北部的拉科鲁尼亚。然而正当他们准备越过伊比利亚半岛时，却遭遇了一场暴风雨。

部分船只躲避在海港，其余的则没有那么幸运，它们失去控制，被吹入大海深处。舰队重新集结，破损的船只加以维修，被海水浸泡的供应物资重新替换，队伍又耽误了不少时间。在几次出发未果之后，许多西班牙水手开始感觉这次征途并没有预想的好玩，部队只得安排岗哨以防止他们逃跑。

在士气稍微受挫的情况下，舰队再次出发。两个月后，舰队终于看到了英格兰海岸，同时英国人也看到了西班牙舰队。由 175 艘船组成的英国舰队派出部分船只绕到西班牙舰队的后面，他们成功截获两艘西班牙船只。一艘不慎被别的船撞坏，另一艘在快要沉没时弹药舱发生了爆炸。一个多星期的时间里，双方先后发生几次小的战斗。西班牙人希望能与荷兰的军队会合，这样他们就能获得弹药补充。但他们没有那么幸运，到了 7 月 28 日，弹药储备已经少到很危险的程度，更为甚者，风也一直在与他们作对。英国人把对自己有利的风称为"新教风"。

趁着这股"新教风"，英国人派出 8 艘满载炸药的船驶入西班牙舰队中央，故意把船点燃以造成恐慌，迫使西班牙人打乱阵形。西班牙舰队果然慌慌张张地向外散开，争先恐后地向公海逃窜。在逃跑过程中，几艘船撞在了一起，其中最大的一艘搁浅了。落伍的共 11 艘船被 100 艘左右的英国船包围。英军一整天不停地向处于劣势几乎没有还手之力的西班牙人开炮，但不可思议的是，竟然没有一艘西班牙战船被击沉。到了晚上，一阵强风使"玛丽亚·胡安"号倾覆，另外两艘船搁浅。到了 8 月 9 日，风向再次改变，将剩余的西班牙舰队船只吹出英吉利海峡，向北吹去。这时他们面临两个选择：要么掉转方向面对英国人继续战斗，要么利用风向快速进入北海。最终他们决定减少损失，朝北航行，环绕苏格兰，再沿爱尔兰岛西海岸驶回西班牙。

然而西班牙人在恶劣的天气下还无法就此撤离战场，他们在北海又遭遇了持续的风暴和霜冻。当他们绕到不列颠群岛最北端的设得兰群岛时，暴风雨持续了 4 个晚上，浓雾中 17 艘船失踪，迷失的船只绝大部分沉没了，或者搁浅在爱尔兰海岸。

在爱尔兰海岸沉没的"圣·佩德罗"号船长弗朗西斯科·德·库埃拉描述了当时的景象："我站在船尾楼的最高点，把自己托付给上帝和圣母之后，放眼注视周围的惨状，很多人溺死在船上；有人投海，沉入海底，再也没有浮出水面；有人爬在救生艇和木桶上；平时彬彬有礼的绅士此刻疯狂地抓住船骨；有人在船上号叫，呼唤上帝；船长们把镶嵌珠宝的链子以及贵重物品抛进大海；有人被海浪卷出船只后被海水冲走。"

部分落水的西班牙水手挣扎着游到海滩，但许多人却并没有受到热烈欢迎。都柏林的英格兰人害怕西班牙人在这片防守薄弱的地区为所欲为，下令杀死所有的西班牙人。只有包括库埃拉船长在内的少数人在爱尔兰天主教徒的秘密帮助下回到了西班牙。一共约有 24 艘西班牙船只在爱尔兰海岸沉没，1 万名士兵在那里送命。西班牙水手的尸体以及失事船只的残骸散布在爱尔兰海滩上长达几千米。130 艘战船组成的趾高气扬的"无敌舰队"最后只有 80 艘回到了西班牙。

英国人大举庆贺战争的胜利，伊丽莎白女王甚至为此颁授了一枚特别勋章，所有这一切都要归功于"新教风"。

17　失踪的殖民地

　　1590 年 8 月 17 日，约翰·怀特从英格兰出发，经历漫长的海上旅途终于抵达洛亚诺克岛。树木枝叶繁盛，明媚的阳光下，长尾小鹦鹉在树枝间飞来飞去。怀特马上就要与他的女儿埃莉诺、女婿亚拿尼亚·戴尔以及外孙女弗吉尼亚·戴尔——第一个出生在美洲的英国夫妇的孩子——团聚了。他们的殖民地有一百多位移民，怀特就是他们的总督。怀特同时也是一位艺术家，他在殖民地的大部分时间都在画详细的地图以及美洲本土动植物和人的素描。

　　怀特的殖民地并不是欧洲人首次尝试在美国北卡罗来纳州的洛亚诺克岛定居。首支探险队全由男性组成，目的是为了找到一块合适的居住地，留下 15人，然后派船回去接新一拨的殖民者，包括女性和儿童。

　　从新世界归来的冒险者把新大陆极力勾画成一幅幅无边无际充满冒险和财富的图画，这起到了很好的宣传作用。原探险队的船长之一亚瑟·巴娄将北卡罗来纳州描写成一个精美的花园，里面开满了芳香扑鼻的花朵，这块土地是"整个世界上最富庶、甜蜜、健康、肥沃的地方"；美洲土著人"温和、慈爱、忠诚、没有丝毫虚伪与奸诈"。自愿漂洋过海来到这个天堂的不乏其人，洛亚诺克岛将成为首个容纳妇女和儿童的美洲殖民地，英国人认为只有让完整的家庭定居下来，它才能变成一个新的英格兰。

　　事实上，洛亚诺克岛的本土居民开始确实对这些欧洲移民很友善。但就在那艘英国船只离开以后，首个殖民地的指挥官拉尔夫·莱恩用粗暴的方式对待土著人，从而使他们对这些欧洲人的态度发生了急剧的转变。就在巴娄用他美洲伊甸园里土著人十分友善的故事来吸引新的冒险者来到北卡罗来纳州的同时，印第安人开始攻击外来者，原殖民地的 15 个成员失散后再也没有被找到。

　　与此同时，包括怀特及其家人在内的第二批殖民者正驶向一片新的土地以及一个充满光明的崭新未来，全然不知道那里发生的一切。他们的计划是先去接留守在第一个殖民地的 15 个人，然后继续航行到切萨皮克湾，在那里他们将建立一个新城镇。但是当他们到达原先的殖民地时，只看到废弃烧焦的房屋。沮丧的他们没有回到船上，就在前殖民者定居的地方搭起帐篷，不再沿着海滩继续前进。

他们花了一个月来垦地、引水、重建房屋。一个月以后，每个家庭都可以舒适地待在新家了，他们于是派船回到英格兰去采购供给。当约翰·怀特亲吻女儿，登上轮船时，他根本想不到这将是他们的永别。整个航程本来只需 3 个月，但是英国和西班牙爆发了战争，所有可以获得的船只都被征用参战。过了3 年多，他才被允许回到美洲的家人和朋友身边。

怀特没有盼到家庭的幸福团聚。他踏上沙石路面，声音听起来响得像喇叭，他停下脚步——没有反应。他慢慢走进先前的定居点，结果只看到废弃的堡垒、几件金属物品以及一根刻有"CRO"3 个字母的柱子。过了一会儿，他又找到一条刻在另一棵树上的信息："Croatoan"。

再寻找也没有用，但怀特很肯定他知道信息的含义——这些殖民者一定是到克柔投安（Croatoan）岛去与友好的美洲土著人生活在一起了。他恳请探险队的船长向克柔投安航行，去寻找他的家人。但是他们还没来得及制订出航海路线图，一阵飓风扯断了一艘船的船锚，其他船锚也被抛得上下翻飞，船长们都害怕被船锚砸得粉碎。他们拒绝在卡罗来纳海岸再多待一分钟，立即回到港口整修船只并过冬。那阵狂风使得洛亚诺克岛移民的命运始终成了一个谜。橡树桩上刻的"Croatoan"一词仍然是这个著名失踪殖民地的唯一线索，它一直作为具有历史意义的纪念碑而耸立到 1778 年。

这些殖民者到底发生了什么事？他们很可能也遭到了天气的破坏。通过研究树木年轮，科学家发现 1587—1589 年间美国东部海岸遭遇了极度的干旱，是那个地区 800 年来最为干旱的时期。当食物变得稀少后，毫无准备的移民要么饿死，要么为了争夺资源与邻近的部落爆发战争。有些学者认为殖民者被印第安人俘虏后变为奴隶了，其他人则想象事情要平静得多，可能英国人向内陆迁移，进入友好的美洲土著人地域，在那里与他们通婚，然后逐渐分散开去。

第一殖民地基金会的一群考古学家希望能解开这个谜团，他们开始在罗利公园堡垒进行挖掘，寻找人工制品和线索。问题之一在于没有人能肯定第一殖民地的确切位置，多年来，植被、沙土，甚至可能还有水已完全覆盖了脚印。

地下水考古学家认为这个岛屿 400 米的高度可能已经沉入海面以下。

然而一些历史迷对阻止怀特去探寻他家人命运的那阵风充满感激。"我一直在说，如果这个谜永远没有解开，我也同样高兴。"第一殖民地基金会创始人之一菲尔·埃文斯告诉美国《国家地理》杂志，"只要失踪的殖民地没有得到解释，很多人就会为此着迷……他们就会学习历史。我不想带走这个谜。"

18 天！这里真冷呀

——查理十二世入侵俄国

　　如果你打算入侵俄罗斯，一定要多带几套长的内衣和几副暖和的手套。这是付出大量人员伤亡才得到的教训，它被一遍又一遍地灌输给那些觊觎这片广袤北方领土的领袖们。一次又一次，梦想征服俄罗斯的人发现，如果俄罗斯的武器不足以杀死他们，恶劣的气候却能办到。1709 年，年轻的瑞典国王查理十二世成为首个率领人马在俄国漫长冬天跋涉进入疲惫最终死亡的欧洲大侵略家。泥泞和严寒对他的军队造成的破坏在后来又被拿破仑和希特勒重演。

　　1708—1709 年的冬天并不适合户外露营。在小冰河时期的煎熬中，整个欧洲被冻得硬邦邦的。我们已经讨论了这个时期气候变化对格陵兰和日耳曼的部分影响。气候温和的威尼斯，运河全部结冰，巴黎的法庭因为严寒而被迫关闭。那么你可以想象，当查理十二世的军队开进俄国并试图结束大北方战争时，等待他们的将是什么。

　　大北方战争于 1700 年爆发，当时的彼得一世（后来被称为"彼得大帝"）对瑞典宣战，目的是要把瑞典赶出波罗的海地区。对瑞典宣战是俄国沙皇极为狂妄自大的行为，因为当时的瑞典是一个超级强国，它的势力范围包括如今的瑞典、芬兰、爱沙尼亚、拉脱维亚以及俄罗斯的一部分。事实上，今天俄罗斯的圣彼得堡所在的区域当时也在瑞典的控制之下。

　　此前的俄国在军事上负多胜少。"俄罗斯人（Russian）"一词本身可能就是指那些于 8 世纪来到基辅（今乌克兰首府）的红头发维京人。一名叫留里克（Rurik）的斯堪的纳维亚勇士被邀请来管理一些彼此不睦而又脾气暴戾的斯拉夫人。到 9 世纪末，外国人开始用"俄罗斯"来指那里的斯堪的纳维亚人和斯拉夫人。在公元 911 年，当地的长官与君士坦丁堡签署了一份条约，签名人为因贾德、法鲁夫、贡纳、福里雷夫、安甘泰、思劳德、雷撒夫、赫罗夫、韦芒德、哈罗德、卡姆、卡尔、法斯特、斯坦维思——全都是俄罗斯人的好名字——并保证当地所有的上层社会全是北欧日耳曼人。最终斯拉夫人和斯堪的纳维亚人混居并融合为一个俄罗斯群体。但此后俄罗斯人在战场上的记录并不光彩：他们的国土曾被蒙古人以及其他民族横扫，国民沦为奴隶。从它的历史看不出任何可以与强大的瑞典抗衡的迹象。

在俄罗斯人的眼中，战争开始并不顺利。缺少彼得的俄国军队在纳尔瓦战役遭到人数比自己少很多的瑞典军队痛击。这次胜利极大地助长了查理十二世的自信，现在回过头来看，那时他的自信心增长得太过头了。纳尔瓦战役之后，查理暂时不用再担心俄国的威胁，他利用这段时间入侵丹麦、波兰、立陶宛以及萨克森。整整 8 年过后，他又开始把目光投向俄国领土。彼得利用这个喘息之机积极扩充军事力量，同时作为良策，建造了圣彼得堡这座城市。

即便如此，瑞典人在 1708 年 7 月的霍洛维兹恩战役中仍然是最初的胜利者，查理计划从那里一直打到莫斯科。但彼得使用了一种令瑞典人大感意外的战术，俄罗斯人在撤退途中在他们自己的土地上放火——烧掉了所有的房屋、庄稼以及各种用具，结果前进的敌人一路上找不到任何有价值的东西。没有住房而寒冬又至，瑞典人被迫改变进攻路线，向南朝乌克兰进发。乌克兰盛产水果、谷物以及各种食草的牲畜，如果这些瑞典人两个月前来到这里，这将是军队理想的休整之地，但他们直到 11 月才来，记忆中最寒冷的一个冬季即将来临。瑞典人自然对寒冷的天气不陌生，但即使最斗志昂扬的士兵也无法长期对抗恶劣的自然条件，蜷缩在没有被俄罗斯人烧掉的几个窝棚里。

"与我们所承受的痛苦相比，打战简直如同儿戏，"查理十二世军队中一名在诸多战役中毫发无损却因寒冷失去了两根手指和一个耳朵的士兵卡尔·金世博写道，"在我们周围怒号的寒风中，动物在田野里冻得僵直，鸟儿死翘翘从天上掉落，好像被枪击中一样……当看到几百个在战场上英勇无比的小伙此刻却在呼唤着战地医生去切断他们变得发白和松脆的手脚，耳朵和鼻尖不用刀就轻易掉落下来，我们的心在痛，泪在流。"

仅在一次行军途中，就有 2000 名士兵因为疲惫和寒冷而倒下。活下来的也痛苦不堪，手不听使唤，一直冻到掌心。有些人在火堆边坐下烤火时突然死亡，因为迅速升温导致血液突然流入收缩得很厉害的静脉血管。随着冬季慢慢持续，查理的将士们已被折磨得面目全非。不仅因为酷寒使得他们外貌损毁，而且他们穿的是阵亡的俄国士兵的服装。

金世博写道："如果我们出去搜寻他们，现在已不是为了获得杀死他们的快感，而是像捕杀某种猎物，仅仅是为了获得保暖的外套。"

酷寒也对武器及供应造成破坏。首先是牛马摔死，没有了牛，就无法拖动大炮。火药也被雨雪浸湿，瑞典人开枪时，武器发出沉闷的响声，几乎没有什么威力。

曾经多达 4.1 万人的瑞典军队到了春天只剩下 2 万人。即便在幸存的 2 万人中，还有三分之一的人生病或残疾。然而正是这支被冬天拖垮的部队却要在波尔塔瓦战役中对抗彼得的军团。

不顾在冬季遭受的损耗，瑞典人再次主动发起攻击。在 1 月初，他们攻击了韦普利克这个小小的堡垒，并轻易得手，但还是损失了 1000 名士兵。经过几次交锋后，瑞典人又遭遇到了俄国气候的另一面——大沼泽地。春天，所有的冰雪迅速融化，大地来不及吸收。结果所有路面变成泥泞肮脏的沼泽，车轮陷在里面无法动弹，除了坐下等土壤变干，他们别无选择。

查理在 1709 年 5 月开始攻打波尔塔瓦城。俄罗斯人在离瑞典人几百米远的地方挖掘战壕迫使瑞典人发起进攻。7 月 7 日，查理听说 4 万俄国援军将于两天内赶到，他做出致命决定：立即进攻。在战斗中负伤的查理计划越过俄国的前线，直接攻入敌人的主要防御位置。但是在冬天饱受折磨的瑞典人如今人数只有 1.7 万，他们抵抗不了 4 万以逸待劳的俄罗斯士兵反攻。除了查理和 1500 名心腹，瑞典全军覆没，查理等人逃到土耳其。

这次战役并不是大北方战争的最后一仗，瑞俄战争 12 年之后才结束，但这却是一次重要的转折点。彼得趁势在波罗的海建立了强大的海军，并最终依靠它降服瑞典。然而更重要的是心理影响，查理被打败的消息震动了整个欧洲。瑞典作为霸主的地位很快就要终结，世界开始注意到俄国以及沙皇彼得一世不容小觑。

正如约瑟夫·米切尔在以爱德华·克里希爵士经典著作《世界 20 场决定性战役》为基础的增补版本中写道："随着瑞典的衰落，波罗的海唯一可以阻止俄国日益强大的力量也退出了历史舞台。因为它分别推翻和建立了两个帝国，波尔塔瓦战役对整个世界格局都具有决定性的意义。"

世界也应该注意到俄国的气候和地理也不容忽视——然而后来的入侵者却偏偏没有吸取这个教训。

19 斯特拉迪瓦里小提琴的秘密

　　在乐器方面，斯特拉迪瓦里小提琴无以匹敌。大师安东尼奥·斯特拉迪瓦里亲手打造的小提琴以其响亮而富有力度的音色闻名于世。大师至少制造了1116件乐器，其中540把小提琴、12把中提琴和50把大提琴留存至今。它们每一件都十分名贵，单单一把小提琴的价值就高达400万美元。多年来，音乐家和科学家一直试图找到斯特拉迪瓦里制造方法的秘密，比如到底是什么使一件斯特拉迪瓦里乐器音色如此洪亮？对此出现很多理论：有人认为是清漆的配方，还有人说是一种神秘的意大利制作工艺。现代气候学家提出了一种新的解释：可能是气候在作怪。

　　16世纪的意大利克里莫纳是小提琴的诞生地。当然，弦乐器在那时并不是什么新鲜事物，早在8世纪或9世纪时，亚洲人就开始用弓演奏弦乐器。其中部分乐器辗转来到了欧洲，在那里它们演变为六弦琴——一种13世纪的乐器，与小提琴相似，但更平，再后来，六弦琴进化为日耳曼的小提琴。然后就有了安德里亚·阿玛蒂。

　　出生于1510年的阿玛蒂被认为是现代小提琴的鼻祖，他的孙子尼古拉·阿玛蒂改进了祖父的设计。尼古拉后来又将技艺传授给安东尼奥·斯特拉迪瓦里，后者还是学徒时就开始以自己的名字制造小提琴。

　　起初，斯特拉迪瓦里依照师傅的样子造琴，小提琴体型较小，十分结实，上一层厚厚的黄漆。但是渐渐地他开始尝试自己的风格，并于1684年制造出体型更大、清漆颜色更深的模型。新模型的比例和清漆的配方都很有创意。

　　斯特拉迪瓦里将硅土与钾盐混合在一起，然后涂抹到木材上，混合剂浸透木材的细孔并包裹住纤维。正是靠这种混合剂，乐器的木材才完美地保存至今。在第二个阶段，大师用蛋清和蜂蜜配制成隔离层，这使小提琴看起来光滑亮泽（可以把它想象成不错的甜点）。最后上清漆，清漆的具体配方已经失传，但它包含有蜂胶、阿拉伯树胶、松节油和树脂等染色物质。长期以来，人们一直认为这种神秘的混合物正是斯特拉迪瓦里乐器音色的秘密所在。但多数研究人员认为，秘密绝不仅仅在于清漆，还包括工艺以及最重要的因素——合适的木材。

没有一件乐器能发出纯粹无杂音的音色。每一个音符都伴随由多重基本音调和频率组成的一连串泛音。正是泛音数量和音量的不同，使得钢琴、大号和小提琴即使在演奏同一音符时听起来也有很大区别。木材的特性与这些泛音的生成密不可分，纹理横顺之间的弹性、木材的潮湿特征以及声音穿透木材的密度和速度等因素都会影响小提琴对琴弦振动的反应。如果认为木材的品质没有关系，那想象一下用胶合板做的小提琴会发出什么样的声音。

两位研究员，一位是美国田纳西大学树木年轮科学家亨利·格里西诺·迈尔，另一位是美国哥伦比亚大学气候学家劳埃德·伯克，共同研究了斯特拉迪瓦里的制作方法，并把结论发表在期刊《树木年代学》上。他们认为是小冰河时期气温骤降才造就出那种能制作出备受推崇的小提琴的木材。

小冰河时期最寒冷的时候是"蒙德极小期"，它因记录该时期缺乏太阳活动的天文学家蒙德而得名。"蒙德极小期"始于 1645 年，也就是斯特拉迪瓦里出生的第二年，一直持续到 1715 年。逐渐变冷的气候影响了树木生长的速度，这段时期树木的生长速度是过去 500 年来最慢的。这些年轮狭窄的树木密度和强度特别大，是大师级工匠最理想的材料。1666—1730 年间，斯特拉迪瓦里使用当地的云杉木来制作小提琴，其中价值最高的小提琴制作于 1700—1720 年。

两位科学家在文章中这样写道："'蒙德极小期'开始的时间恰好是克里莫纳小提琴制作师们技艺达到顶峰的时候，或许正是这个原因才使得当时制作的小提琴音色与力度与众不同。"

斯特拉迪瓦里及其同行制作小提琴的条件，以及制作工艺、注重细节还有气候的独特融合在短时间内不太可能重复。然而在你为了大师的某件作品不惜付出数百万美元之前，你应该知道坐在舞台前的绝大多数听众辨别不出其中的差异。现代小提琴在技艺纯熟的演奏家手里同样能发出美妙的声音，在你 8 岁大的外甥的手里，全世界最昂贵的斯特拉迪瓦里琴发出的也只是噪音。

20 又一股"新教风"吹来了
一位英格兰新国王

　　1688 年的伦敦人正焦急地注视着一条龙，迫切想看清它的头是否弯向尾巴。这里说的龙指的是圣玛丽大教堂顶上的一个风标，这个神话生灵是伦敦的一个标志。所有的人都注视着它，看看风到底朝什么方向吹。人人都知道，新教徒奥兰治公爵威廉很快就会从荷兰驶往当时由天主教徒詹姆斯二世统治的英格兰。奥兰治公爵入侵的成败取决于有利的风向，也就是说从东方吹来的"新教风"，而不是从西边吹来的"教皇风"。

　　在 1688 年，国际外交政策往往涉及大范围的家族争端（这一点一直延续到第一次世界大战，它是最后一次有血缘关系的君王之间的大规模冲突）。欧洲大多数的统治者和贵族都是一个皇室家族的成员，看起来就像是错综缠绕的灌木丛。

　　詹姆斯二世是查理一世国王（新教徒）与亨丽埃塔·玛丽亚（法国未来国王路易十三的妹妹，罗马天主教徒）的儿子，他的哥哥查理二世国王没有子女。查理一世信奉君权神授，在试图把基督教圣公会教义强加给苏格兰人时惹恼了他们，遭到弹劾，并在 1649 年被处死。此后英格兰有十几年没有君主，1660 年发生的复辟使年轻的查理二世重新登上王位。詹姆斯在几年后皈依为罗马天主教，并与天主教徒梅地纳的玛丽·比特丽斯结婚。很快，国会通过了一项只针对一个人（詹姆斯）的法律——禁止罗马天主教徒担任公职。后来下议院为最初制定这项法律所特意针对的那个人破了例。詹姆斯认为他父亲查理一世不受欢迎的原因是他不够强硬，于是詹姆斯绝对强硬而迅速地把罗马天主教徒委任到重要的政府职位。他还建立了强大的军队并从爱尔兰引进天主教士兵，目的是让新教多数派看清楚风到底在朝什么方向吹。

　　奥兰治公爵威廉继承英国王位的理由极为牵强，但这有什么关系？历史从来不就是这样的吗？他的父亲是奥兰治的威廉二世，母亲是詹姆斯二世的姐姐玛丽·斯图亚特。小威廉的妻子也叫玛丽·斯图亚特（约克的玛丽），她是英国现国王詹姆斯二世与第一任妻子的女儿，为新教徒。如此说来，奥兰治公爵威廉就是詹姆斯二世的女婿兼外甥。

1687 年詹姆斯还没有儿子，与第二任妻子所生的孩子也全都夭折了。如果他就这么死去，王位就会落到威廉的妻子玛丽这个虔诚的英国国教徒手中。当谣传说玛丽·比特丽斯又有身孕时，新教徒们立刻多了一份紧迫感。如果詹姆斯与玛丽生下一个儿子，因为他的 Y 染色体，这个儿子就将继承詹姆斯的王位。6 月，詹姆斯·弗朗西斯出世，新教徒们的担忧应验了。

荷兰共和国干涉英国事务也有其政治和经济目的。法国的路易十四一直征收高额关税，还禁止从荷兰进口部分商品。这对这个航运大国的经济造成沉重打击（当时荷兰有 1.5 万艘商船，而欧洲其他国家总共也才 5000 艘）。如果英国和法国达成某种经济和军事上的同盟，荷兰就要遭殃。

再回到英国，这里的新教民众对政府越来越不满意，同时有关国王婴儿的谣言也在四处传播。有人说他根本就不是詹姆斯的儿子，而是耶稣会会员偷偷从宫外送进去的一个仆人的孩子。越来越多的新教徒翘首盼望奥兰治公爵的到来，他们注视着圣玛丽大教堂顶上的龙形风标，等待着。但是，用英国史学家马考莱的话说："风顽固地从西边吹来，阻止了奥兰治王子扬帆出海，反而不断将爱尔兰部队从都柏林运到切斯特。英国的普通民众都在恶毒地咒骂这股风，他们说这样的天气是教皇制度的天气。站在齐普赛街的人群目不转睛地盯着圣玛丽大教堂优雅尖塔上的风标，祈祷'新教风'。"顺带说明一下：齐普赛街（Cheapside）是指伦敦的主要市场。它的名字来源于古英语"ceap"，本来的意思是"市场"，但如今却演变成现代英语中的"cheap"。那里的东西可不便宜。

在等待的过程中，许多新教徒开始唱起一首歌，歌名叫《利利布勒罗（Lilliburlero）》。这首歌写于 1687 年，当时另一股"新教风"使爱尔兰的天主教徒泰可尼伯爵无法前往爱尔兰。歌词里说："哦，他为何停留不前；嗬！的的确确，这是一股'新教风'。"

在 9 月末，威廉的人马开始登船。大约有 45 艘船（历史记载的具体数目有出入）满载大炮、士兵和几千匹马。他们希望赶在冷风吹起之前出海，然而从9月进入到10月，风还是西风，威廉继续等待。接下来的18天左右，风不仅是教皇风，而且还是暴风。一位亲历者写道："一天晚上，风高浪急。房屋和躺在被窝里的人都被狂风猛烈摇晃，停锚的整个舰队也处于极度危险之中。"

　　10月下旬的大部分时间里继续吹着诡异莫测的西北风。到了10月24日左右，风向开始转为东南，最后终于变成东风。10月30日，威廉率领人马终于冒险驶入大海，结果又遭遇一场暴风雨。天空变得阴暗，轮船剧烈摇晃，所有的人都出现晕船症状。而且马匹没有系好，有的扬蹄暴立，有的四散奔逃，场面十分混乱。最后船只尽管没有沉没，但许多都遭损坏，还有400匹马跳到海里。威廉舰队遭暴风袭击的故事经口耳相传传到英格兰，舰队的损失程度在一遍遍复述过程中变得越来越严重。英格兰的牧师沾沾自喜，以为他们的祈祷得到了应验。詹姆斯也确信不会有攻击，既然他的地位不再受到威胁，他便拒绝履行在11月举行国会选举的承诺。他或许暂时摆脱了来自威廉的威胁，但出尔反尔使他在国内众叛亲离。

　　与此同时，威廉的海军在荷兰修补船只，骑兵补充战马。荷兰人并不觉得这次延误很严重，因为如果他们不出海，暴风雨也会把他们困在港口。情况在11月11日终于转好，但他们早就错过了寒冷天气来临前的大好机会。一路上，他们遇到了雨夹雪，但是威廉继续航行。11月13日，他们的舰队越过了英国海军——英国人想要追赶，然而潮汐却阻止了他们。荷兰人就这样从聚满了观望人群的海滩旁驶过。这时"新教风"开始刮起，帮助荷兰人向西航行进入英吉利海峡。他们在英格兰西南部的托培登陆，发现这里没有英国士兵抵抗，略感意外。英国海军开始了为时已晚的追击，但由于有风，他们只能追到朴次茅斯。11月17日，当英国的船只试图进入英吉利海峡时，强劲的西南风阻止了他们，只好在别处暂避。

　　詹姆斯吓得精神崩溃，鼻血流个不停，他带着妻子和儿子逃进了路易十四的宫廷。不到两个月，奥兰治王子威廉和王妃玛丽分别被加冕为英国的国王和王后。感谢他的Y染色体，威廉被赋予全部的行政权力。

21 富兰克林和风筝

　　美国的每个学龄儿童都知道这个故事。本杰明·富兰克林通过在雷雨中放飞一只线上系有钥匙的风筝发现了电。当他们再大一点，这些学生就禁不住想："这种说法合理吗？"本杰明是如何在这个过程中操控风筝而又未被烧焦的呢？然后到了课间休息时间，这个疑问又被抛之脑后了。对那些偶尔还在思索的人，我可以给他们提供答案：所谓的风筝事件可能完全是子虚乌有。

　　这并不等于否认本杰明·富兰克林是电场领域的先驱。1746年的他作为印刷商和《穷查理历书》的出版商相当富裕。《穷查理历书》常常挖苦同时期其他历书提出的天文和气象迷信。一天，富兰克林看到苏格兰杂耍艺人亚当·斯宾塞医生——也称"思朋斯医生"——表演的一个被称为"电吻"的社交把戏。在表演中，一位女性把没戴手套的手放在一个旋转玻璃球上，当她的追求者靠近去亲吻她时，顿时会爆发出火花，当然也伴随欢笑。富兰克林从此被电迷住了——他先得摆弄思朋斯医生的莱顿罐。莱顿罐就是我们现在电容器的雏形，最早由莱顿大学（由此得名）教授、荷兰科学家彼得·范·马申布罗克制造的这个罐子里面是一个普通的果酱罐，底部铺一层锡箔。罐口配上蜡封软木塞，中间穿过一根连接短链条的铜棒。链条与里面的锡箔接触，铜棒顶端有个鼓起的铜球。当摩擦各种物体产生的静电作用到外部的铜球时，静电就可以经铜球储存在罐子里。因为异性电荷相吸，罐内金属板上的负电荷可以导致外部金属板上产生相当的正电荷。富兰克林买下了这位医生的整套装置，并请一位英国朋友给他寄来更多的仪器和有关实验的资料。富兰克林对电的研究很快从爱好变成全职工作。

　　当时欧洲最好的思想家宣称有两种类型的电。同一个球，摩擦玻璃棒产生的静电能吸引它，而摩擦树脂棒产生的电却排斥它，这就证明电有两种变体。这位殖民地的业余科学家却不敢苟同，他认为电从高电荷流向低电荷。他鉴定并命名了正电荷和负电荷、导体以及绝缘体，他最富有争议的声明就是闪电是一种电现象。富兰克林与英国皇家学会会员彼得·克林森通信，谈论以上这些内容，这些信件成为《电的实验与观察》的蓝本。该书于 1751 年首次出版，后被译成几种语言，为这位印刷商赢得了作为自然科学家的全球声誉。

书中提出一个验证闪电与电是否一样的实验。"要确定云是否带电，"他写道，"在一个高塔的顶端，设置一个足够容纳一个人和一个电架的岗亭。从电架中央支起一根铁杆，弯出门外，然后再使其垂直向上 6 ～ 9 米，末端需要很尖。如果电架保持干燥和干净，当经过的云层很低时，站在架子上的人可能会通电产生火花，铁杆从云中将火引到他的身上。"

那时欧洲最著名的电实验是由法国的诺列特完成的。他根本不相信这个殖民地学者不着边际的言论。然而国王路易十五却十分感兴趣，他鼓励科学家们去尝试这个实验并确认其理论。1752 年 5 月 10 日，托马斯·弗朗索瓦·狄阿里巴勇敢地站出来挑战，他在法国马利花园中竖起了一根高 12 米的尖头金属杆，然后等待暴风雨到来。当暴雨云层从头顶飞过，一个助手拿着铜丝走向装置，正如富兰克林预测的那样，他招来了火花。法国科学家整个夏天一直在重复这个实验，最后他们终于证实：闪电就是电。几乎一夜之间，富兰克林成为欧洲的名人，而他却没有放飞任何风筝。

本杰明·富兰克林从来就没有写过风筝实验，也没有任何期刊记载有这么回事。最早提及风筝实验的是标注日期为 1752 年 10 月 19 日致《费城报》的一封信。信中介绍了风筝实验，但却从来没说富兰克林做过这个实验。

"用两根轻杆交叉成十字；支住一根手绢的四个角；杆的顶端附上一根尖铁丝……在线的末端系上丝带并绑上一把钥匙。拉线的人必须站在门内，确保不被淋湿。雷雨云一经过风筝上面，尖的铁丝就能引下电火。"

请注意，在这个实验里，闪电并不直接击中风筝。其想法是让风筝接近云层，将电荷从大气系统沿风筝线引下来。然后实验者用手指关节去触摸钥匙，将电荷导入地下。或许富兰克林本人尝试过这个实验，但即便他这样做了，也没有留下第一手描述。有关富兰克林放风筝最为详细的叙述来自约瑟夫·普里斯特利，他声称富兰克林亲自告诉过他这件事，普里斯特利关于这个实验的二手描述发表于 1767 年。

有一个人在尝试重复这个实验的时候丢了性命，他就是俄罗斯物理学家里奇曼。1753 年里奇曼在圣彼得堡放风筝时被"金属杆中窜出的一个拳头般大小、蓝白色火球"击倒。美国北卡罗来纳州艾索瑟莫技术学院的讲师兼历史学家汤姆·塔克准备重复富兰克林的风筝实验，2003 年他试图利用富兰克林时代能找到的一些材料来复制实验。他严格按照描述试了几次，但风筝就是飞不起来，然后他再用现代风筝尝试，还是不行。他相信富兰克林肯定也没有成功放飞风筝。

那些仍然坚信富兰克林确实放飞过风筝的人对于他为何从来没有详细描述自己的实验——发生的时间和地点——给出了一种说法：或许承认玩弄小孩的玩具会让他感到难堪。无论如何，用风筝做实验并不是富兰克林的发明，早前一位名叫亚历山大·威尔逊的物理学家就用了一大串风筝做天气研究。美国气象局 1893 年开始定期使用风筝做研究。后来气象气球、飞机和卫星提供了收集信息的新途径，风筝又变成了玩具。最后一个风筝天气局于 1933 年关闭。

不管他是否在暴风雨中放过风筝，富兰克林对于闪电的解释相当准确。他在 1756 年入选英国皇家科学院，被授予代表最高荣誉的科普利奖章。欧洲的大教堂也很快都安装上避雷针。威尼斯钟楼自 1388 年以来已被雷电击中和烧毁了 6 次，但自从安装了"富兰克林避雷针"以后，就再也没有这个问题了。你可能会认为对尖塔的保护应该使富兰克林受到神职人员的喜欢，但是你错了。1753 年一位波士顿的牧师说："本杰明·富兰克林的雷电导线是一种悖理逆天的行为，因为它试图转移上帝的愤怒，里斯本遭地震和潮水破坏就是上帝对人类的惩罚。"

这都不要紧。富兰克林是科学界的红人，他在欧洲尤其是法国大受欢迎。这一点后来在美国争取赢得独立时被证明是美国的一大财富，他的声誉以及与国王路易的亲密关系使他成为美国寻求法国援助时的最佳大使。由此看来，富兰克林对闪电的痴迷居然在说服法国人站在美国革命者一边发挥了重大作用。

在英国，乔治三世对富兰克林政治观点的厌恶也波及科学领域，他下令不许在宫殿上安装富兰克林避雷针。他怀疑这是某种诡计，他们不是将电无声无息地导入地下，而是叛乱分子秘密地将闪电导入皇家建筑。他要求皇家学会主席约翰·普林格尔否认富兰克林的电理论，普林格尔立即辞职，他说："你可以改变国家法律，但改变不了自然规律。"

22 暴风雨后写就的
   圣歌《奇异恩典》

　　《奇异恩典》是著名的圣歌之一。有关它诞生的故事是这样的：一艘奴隶船的船长约翰·牛顿运送人货过大西洋时遇到了巨大的暴风雨，船差点被撕碎。风暴中，船长向上帝许诺，如果能幸存，他将用余生侍奉上帝。后来他毫发无损地度过了风暴，明白了他行为的错误，于是掉转船头返航，并写下了我们今天熟知的这首歌。就像所有的神话一样，这个传说是以事实为核心的，但在不断地重复过程中也难免添油加醋。事实是这样的：风暴是真实的，奴隶船也是真实的（尽管牛顿并不是船长）；牛顿后来成了一位牧师并写出《奇异恩典》以及其他诸多颂文（他并没有为这首歌谱曲）。最后他成为一名废奴主义者。

　　奴隶制的历史与人类文明史一样长久。早在古美索不达米亚、古希腊和古罗马时就有奴隶，圣经中也提及奴隶。中世纪教会宽恕奴隶制，不过基督教徒在十字军东征期间被异端穆斯林奴役时除外。5 世纪盎格鲁-撒克逊人用"威尔士人"来指奴隶，这就是他们喜欢奴役的种族。现代英语中的"奴隶（slave）"一词源于日耳曼人俘虏并在欧洲市场出售的斯拉夫人（Slavic）。葡萄牙人和西班牙人也千方百计把美洲土著人变成他们的奴隶，然而很不幸，印第安人抵御不了西班牙人的病菌，一场瘟疫使他们的人口所剩无几，欧洲人只好到别处去寻找。

　　有趣的是，两位未来的总统年轻时均为契约佣工。契约佣工按照契约为他人工作，通常没有金钱报酬，而是换取某些有价值的东西，如免费前往一个新的国家。在契约结束前，他们不能自由离开或者拒绝契约主的要求。不过与非洲奴隶不同的是，这些佣工在做完规定的年数以后就可以自由离开了。尽管如此，一个佣工的权利大多与一个奴隶相差无几。米勒德·菲尔莫尔和安德鲁·约翰逊都曾经受到这类契约的束缚。安德鲁·约翰逊逃跑后，他的主人在美国北卡罗来纳州罗利的《公报》上刊登广告，悬赏 10 美元要将他抓回去。很幸运，这位未来的总统没有被抓住。菲尔莫尔则更有耐心，为他的主人工作了几年之后，他用 30 美元买回了自由。不过，这种劳役与鼎盛时期的非洲奴隶交易截然不同，那时美洲的殖民地形成了一个巨大的市场，似乎总是无休止地需要新的免费劳力。

从开始到 18 世纪中叶，奴隶制一直是一种公认的商业形式，没有人停下来提出质疑。奴隶商贩都是按时去教堂做礼拜的虔诚信徒，也是社会的中流砥柱。部分基督徒认为，奴隶制是上帝将非洲人从野蛮愚昧的生活中解救出来并引导他们信仰真正宗教的方式。

他们还辩解说这对非洲也有好处。随着奴隶需求上升，尼日利亚等非洲国家出现了一个强大的商人阶层，靠奴隶贸易，他们建起了新的住所，扫除了非洲社会中存在的不良因素。奴隶贸易以前确实存在对非洲社会有利的一面，奴隶交易商与当地女性结合生养的混血儿往往享有很高的地位。"许多尼日利亚掮客开始完全依赖奴隶贸易，而忽略了其他所有的生意和职业。"迈克尔·奥莫勒瓦在他的《证明尼日利亚历史》一书中写道，"结果，当奴隶贸易被禁止时，遭到了那些尼日利亚人的抗议。随着时间的推移，奴隶贸易崩溃，那些人也失去了收入的来源，变得穷困潦倒。"只有贵格会教徒与再浸礼派教徒基于他们的信仰对奴隶交易进行过谴责。

奴隶运输船上的工作并不令人羡慕。相反，它很危险，也很难受。即使那些对这份工作在道德上不存疑虑的人也禁不住会厌恶货舱的条件。亚历山大·福尔肯布里奇曾经是非洲奴隶船上的一名外科医生，后来成为废奴主义者，他是这样描述的："他们常常挨得很近，以至于只能侧躺下来。甲板之间的高度（除了门窗的栅栏正下方）也让他们无法直立。"

塞满人的船上暴发疾病的风险也很大——痢疾是个老问题，而且还可能出现暴力事件。奴隶的人数超过看守，如果他们暴动，水手们就有可能遭屠杀。此外，奴隶船的质量也绝对算不上最好，非洲与欧洲之间气候的巨大反差使这些船只很快腐烂，通常航行五六次后就得拆毁。为了削减成本，船主们图简便已是臭名昭著，这也降低了船的保险费，奴隶运输船简直就是用最廉价的材料生产出来的一次性容器，里面装的货物还填塞到了容量的极限。

约翰·牛顿肯定从来没有打算成为一名奴隶贩子，只不过他有些不幸。在17岁时，他获得了一个巨大的机遇——去加勒比学习种植园经营。在伦敦等待船只出海时，他神魂颠倒地爱上了一位名叫玛丽·卡特利特的13岁女孩，于是抛弃了责任感，错过了船。他的父亲安排他加入一艘地中海商船的乘务组，但不知怎么搞的，他又忘记了登船。最后他加入皇家海军服役，但还是喜欢我行我素，他跳船去会见玛丽，结果被处以鞭刑，还被剥夺了军衔。就这样他登上了一艘开往塞拉利昂的奴隶船。

漫长的海上航行通常较为沉闷，塞缪尔·约翰逊把航海描述为"如同蹲监狱，还有淹死的危险。"于是这位不安分的年轻人靠编歌来打发时间，这些歌与后来使他成名的颂歌相去甚远，它们都是些讽刺性民谣，船员们比这位船长更喜欢这些民谣。讲淫秽故事、说肮脏语言、饮酒作乐、调戏女奴隶等在船上司空见惯，少数水手还与男性奴隶进行类似的娱乐。更为甚者，某些记载中还说他们与羊发生关系。一到达非洲海岸，欧洲人就认为可以不受日常道德规范的约束了——他们的所作所为不会传回家乡。牛顿很可能有几个临时的非洲"妻子"。

在非洲待了两年后，牛顿上了一艘名为"灰狗"的船成为船员之一。在接下来的一年里，该船沿非洲海岸收集黄酒、象牙以及木材，但没有奴隶。绝大部分航行时间平静而枯燥，牛顿为了打发时间，举办饮酒比赛，水手用很大的海贝壳大口地喝杜松子酒，赌谁最先喝倒。等这个游戏不再好玩了，牛顿开始寻找一些书籍来阅读，无聊透顶之际，他拿起了一本僧侣的指导手册——托马斯·阿·肯培斯所著的《效法基督》。一天晚上读着这本15世纪僧侣思考恩赐和救赎的书籍，他陷入了梦乡。

醒来时他突然发现整艘船在暴风雨中剧烈颠簸，甲板上的人前后奔跑，试图阻止船散架。巨浪打过甲板，船一侧的上船骨完全被浪卷走。牛顿准备沿楼梯登上甲板，但另一个船员却让他回去取一把刀。他转身之际，又一位船员登上了楼梯，就在这时，一个巨浪从楼梯上扫过，那个正在登楼梯的水手顿时消失到大海里。当时牛顿还没有时间来回味他的幸运就加入到抢救船的行动中，他们用钉子加固基床，用衣服堵住破损的船骨，防止海水灌进船舱。为了不被海水冲走，他用绳子把自己绑在一根横梁上。此后的 12 个小时里，风暴摇晃着船只，把它一会儿抛向左边，一会儿抛向右边，一会儿甩上半空，一会儿又像从悬崖跌落。猪、羊以及家禽在甲板上到处乱跑，不久后都被海水卷走。装口粮的桶被砸开，东西撒落到大海。曾经把基督教看成迷信而发誓决不加入的牛顿发现自己在祈求耶稣的保佑。

经历过这次与死神的交臂，牛顿好像换了一个人。残破的轮船终于抵达爱尔兰。他寻找到最近的教堂，从此开始了每天祈祷两次的终身习惯。不过，这次信仰的改变并没有使他放弃奴隶交易。事实上，他后来娶了他深爱的玛丽，而且成了他自己奴隶船的船长。他的航海日志提到了当时很典型的货物，"星期四，6 月 13 日……今天早上埋了一位女性奴隶（第 47 号）。说不清她的死因，因为她登船后就一直有病。"他还写到船上的奴隶暴动，"我希望（在上帝的庇佑下）我们现在完全能够震慑他们。"

不过，这位船长越来越醉心于宗教。只要别人愿意听，他就会与他们分享那次九死一生的经历带给他的启示。1754 年，他终于放弃了航海生涯。10 年后，他成为英国国教的一名牧师。差不多与此同时，他出版了一本书《真实的叙述》，里面讲述了这次暴风雨的故事。他的布道如此受欢迎，以至于他的教堂不得不扩大，以便能容纳每个想听他布道的人。他自己写圣歌，准确地说那些不是歌曲，而是供诵读的灵魂诗歌。每星期的礼拜他都至少要写一首，每次新年布道至少两到三首，《奇异恩典》就是他的 350 首作品之一。其作者并没有觉得它很特别，他从来没有谈起，也没有在信件之中提及这首圣歌的写作过程。

他 1780 年才搬到伦敦，并遇上一群反对奴隶交易的牧师，那时英国的废奴主义运动正不断高涨。不过，又过了 5 年多，牛顿才开始在废奴运动中成为公众角色。在 1788 年出版的《对非洲奴隶交易的思考》中，他写道："我希望它永远是一个让我感到羞耻的话题，因为我曾经积极参与一项如今想起就令我心颤的活动"。

可以说，《奇异恩典》的音乐可能正来自奴隶，成千上万的美洲奴隶被皈依为基督徒，农场主把宗教看成是教化非洲人的方式。对奴隶而言，基督教有更大的吸引力——世间受苦换来天堂回报的预言有着特殊的重要性。因为奴隶们几乎不会读和写，他们通过死记硬背学习宗教诗歌，然后通过"一呼一应"的背诵或者配以音乐的方式进行传递。有些音乐学家认为《奇异恩典》的旋律是苏格兰或者爱尔兰风格，毕竟它是两首用风笛演奏效果不错的乐曲之一（另外一首是《勇敢的苏格兰》）。还有很多人认为，旋律来自美国南部种植园的民间音乐，可能是黑人从非洲带到那里去的。尽管有些分歧，大家都公认《奇异恩典》是世界上录制次数最多的圣歌。

23 幸运的天气眷顾华盛顿

　　我们今天了解的美国革命或美国独立战争本来可能只是历史教科书中的一个注脚而已——大英帝国西部的一次小规模起义。英国人和乔治·华盛顿率领的叛军相比，拥有绝对的优势。华盛顿成为美国军队总指挥时，他的士兵是一些没有制服也没有武器的志愿者，这样一支部队人数也只有 2 万左右，而英国军队却是 4.2 万训练有素的战斗队伍，外加 3 万随时备用的德国雇佣军。除此之外，美国军队还没有得到所有殖民者的支持，约有三分之一的殖民者在他们认为的内战中继续支持英国政府。不过，这些勇敢的美国民兵确实也获得了一些有利条件：他们拥有本土战争的优势；英国和法国的宿仇也帮了他们的忙；而且在战争最关键的时候，天气也站在这些幸运的美国人这一边。

　　战争的爆发，源于英国将军托马斯·盖奇派一支部队从美国波士顿出发去摧毁储存在美国马萨诸塞州康科德的美国"武器库"。英国军队行进到列克星敦时遇到了一群手握步枪的民兵，有人打响了历史教科书中称为"震动全世界的枪声"，于是英国与殖民地军队正式开战。

　　叛军的大本营在波士顿，那里一直就是反英运动的中心。1775—1776 年的整个冬天，波士顿城周围战事不断。华盛顿将军把他的大炮移到波士顿的南边，从这里他可以同时攻击驻扎在港口和城里的英军。威廉·豪爵士将军计划用一支小型舰队攻击华盛顿，然而在 3 月 5 日的晚上，一场急风暴雨冲击了波士顿港口。用威廉·戈登牧师的话说，"风暴刮得如此猛烈，以至于任何听到过的人回忆起来都说当时被吓坏了。"

　　因为"天气恶劣"，豪爵士将军被迫取消攻击计划，被中止的攻击是最后一根稻草。波士顿的防御力量如此强大，似乎不值得再次发动攻击，于是在 1776 年 3 月 17 日，豪爵士将军乘船离开了，如今，这一天成为波士顿的"大撤离纪念日"。

　　1776 年 7 月 2 日，大陆会议召开并同意宣布从英国独立。约翰·亚当斯认为这个日子必将被写入历史，"1776年7月的第二天将是美国历史上最值得纪念的日期。"他写道，"我相信我们的后代将把这一天作为重大的周年节日加以庆祝。"两天后宣言发布了。

如果说此前英国人一直对北美殖民地的这次起义不以为然，此后他们就再也不敢掉以轻心了。他们从英国派出了最强大的远征军，这支3.2万人的远征军还是由威廉·豪爵士将军率领，军队乘坐500艘船抵达美洲，并在斯塔腾岛上建立基地。他们计划先将纽约，接着是新英格兰的其他叛乱地区与忠诚的殖民地隔离开来，以恢复殖民地的秩序。

乔治·华盛顿积极应对，派出三分之一的部队约两万人前往长岛。8月22日，约1.5万名英国士兵在长岛的西端登陆，并扎下营房，一周以后，他们迂回到美军的左侧发动进攻，那里没有天然屏障。然而很不幸，英国人遭遇了持久的北风，退潮的潮水阻止了战舰进入纽约湾以及东河，他们本来可以从那里切断华盛顿士兵的唯一逃跑路线。如果华盛顿将军在那里全军覆没，美国革命就可能被扼杀于摇篮之中，不过正在这个关键时刻，一场暴风雨从天而降，带来了雷电、骤雨还有浓雾。

英国人本可以摧枯拉朽般击败撤退的美国军队。在战争的开始阶段对华盛顿将军如此沉重一击可能就阻止了革命，也就戏剧性地改变了北美历史，然而从那天早上两点就开始笼罩长岛的大雾却挽救了美国人的命运。

威廉·戈登牧师在1780年写道："如果不是天意改变风向，大半部队不可能越过封锁线，包括几名将军在内的许多人以及所有的重军械必将落入敌军之手。如果不是神派出信使（雾）来掩护首条撤离战线以及美国人破晓之后的几次行动，他们肯定会遭受巨大的损失。"

华盛顿在长岛战役的损失还真不小，1.2万人被俘、400人牺牲。但是在大雾这个"天堂使者"的帮助下，其余的部队成功逃脱，为后来的战斗保存了实力。

美国独立战争的一个重大转折点是1777年爆发的萨拉托加战役。英国将军约翰·伯戈因试图突破美军的防线，打开通往纽约奥尔巴尼的通道，但是没有成功，期待中的来自南方亨利·克林顿将军的援军也不见踪影。伯戈因被迫向友好的加拿大一侧的郊区撤退，在他发出撤退指令时，天气还晴空万里，暖意融融，但是不久就吹起南风，开始下雨，且下个不停。道路变成沼泽，步行就是在考验对泥泞和肮脏的耐受力。牛车被埋到轮轴，最后只好连同上面的帐篷和辎重一并抛弃。泥泞使得行军的速度不到每小时 1600 米。美国军队在约翰·斯塔克将军的率领下，从哈得逊北面超过英军，并切断了他们的撤退路线。10 月 13 日，伯戈因投降。由于当时落后的通信条件，克林顿将军在 10 月 15 日——伯戈因投降两天后——才派出一支 1.5 万人的部队去增援他。

美国人在 1777 年萨拉托加战役的胜利极大地挫败了英军的士气，更重要的是，它向全世界传递了一个信号：英国不是不可战胜的。法国和英国也随时准备再来一次百年战争，于是法国加入战争，并站在殖民者一边，他们除了提供军队，还提供殖民者使用的 90% 的军火。后来西班牙和荷兰也选择与美国人站在一起。

在独立战争最后决定性的一次战役也就是约克镇战役中，英国人的撤退再次一定程度受到天气的阻碍。到 1781 年，英国对殖民地的统治已经开始瓦解。英国南部殖民地司令官查理·康沃利斯勋爵将军发现自己面对面遇上马奎斯·德·拉斐特率领的美国军团。为了保持与主力部队的联络，康沃利斯被迫一再撤退，直到来到宾夕法尼亚州的约克镇。华盛顿将军命令拉斐特封锁出城的陆上通道，与此同时华盛顿的 2500 名士兵以及罗尚博将军率领的 4000 名法国士兵也切断了通往纽约的路线。法美联军主力向南行进到切萨皮克湾的岬角，法国海军上将格拉斯率领由 24 艘船组成的舰队封锁了海上出路。康沃利斯四面受困，他的援军也一直没来。

1781 年 10 月 16 日晚，康沃利斯将军最后一次试图突围，他计划把士兵渡到约克河的北岸，那里的美国军队最薄弱。为了送他的精锐部队到位，他打算用 16 艘平底船，每艘作 3 次往返，一次往返大约需要两个小时。晚上 11 点，第一艘船出发了，过河，然后再回来。"然而就在这个关键时刻，"康沃利斯后来写道，"温和平静的天气突然变成狂风骤雨，所有的平底船，有的上面还载有士兵，全被吹向河流的下流。"

一部分最精锐的士兵在河的一边，一部分在另一边，还有一些随风漂走，康沃利斯丧失了所有突围的希望。第二天，英国人竖起了白旗。心情沉重的康沃利斯将军给还在增援途中的亨利·克林顿将军写信说："我满怀羞辱地通知阁下：我已经被迫放弃约克和格洛斯特的驻地，于19日即刻率部作为战俘向美法联军有条件投降。"

乔治·华盛顿也写了一封信，不过是给美利坚合众国总统。与大家公认的相反，乔治·华盛顿并不是美国的第一位总统。乔治·华盛顿称之为总统的那个人是马里兰州的约翰·汉森。《邦联条例》起草后，约翰·汉森被正式选为"美国联合议会总统"。华盛顿将军给"美国总统约翰·汉森"送去捷报。

在投降仪式上，康沃利斯让乐队演奏《这个世界颠倒过来了》。一位美国军官写道："英国军官大多表现得像在学校被老师鞭笞的孩子。有人紧咬嘴唇，有人噘嘴绷脸，还有人放声大哭。他们圆顶宽边的帽子很适合这个场合，可以挡住那些羞于见人的面孔。"

美国独立战争不仅创建了美利坚合众国，而且还改变了另一个北美国家：战争以后，约5万名亲英分子移民到加拿大。英国于1783年正式承认美国的独立，然而第一届美国总统大选直到1789年2月4日才举行。1792年4月30日，乔治·华盛顿在纽约市联邦大厦参议院大厅外的门廊宣誓，成为美国首届总统。就职当天的天气如何莫衷一是——那时没有人把这个信息记录下来。一个当时尚未出生的人在65年后首次在文字中提到了那天的天气，根据鲁弗斯·格里斯瓦得从华盛顿·欧文那里得到的信息，华盛顿总统宣誓时阳光明媚。另外唯一写到那天天气的见证人是玛丽·亨特·帕尔默，一位杰出将领的女儿，她当时还只是一个小女孩。1858年，83岁高龄的她回忆说，举行第一届就职仪式时下着瓢泼大雨，华盛顿总统还撑着一把雨伞。

24 冰雹和干旱是引发
法国大革命的导火索

如果你想统治一个国家，最好让你的人民能吃饱饭。最能证明这个原理的历史事件恐怕要数法国大革命了。巴士底狱的咆哮、《人权宣言》的起草、国王路易十六和王后玛丽·安托瓦内特被推翻以及最后被处死，所有这些都对整个欧洲产生了深远的影响。然而如果不是因为一场干旱和一场猛烈的冰雹，这一切又或许都不会发生。

1788 年的春天干旱在法兰西王国最困难的时候来临。这个国家已经因为帮助美洲殖民者与英国作战导致债台高筑陷入经济危机，而且它还没有从 3 年前的那一次严重干旱中完全恢复过来。前一次干旱时，农民收割的粮食不够喂养牲畜，他们只好屠宰了许多牛和马，结果导致肥料危机，因为牲畜的排泄物是用来为田地施肥的重要农业产品，没有这些肥料，农民就无法补充土壤中的营养成分。许多农田因此而休耕。

在大革命爆发前，法兰西是欧洲人口最多的国家。其中近 90% 的人口为第三等级，也就是比前面两个等级——贵族和教士——地位低的平民。他们耕种的田地都很小，绝大多数人只有不到 1 公顷的地。他们的食物几乎全部靠面包，田里不产粮食，面包也就没法做。

1788 年，各处乡村的庄稼收成都不好，面包价格也开始飞涨。以前花一半多一点的收入来买面包的佃户如今要花 85% 的收入才能买到。与此同时，他们还要负担贵族地主的封建税、教堂的什一税以及维持国王和王后奢华生活的税种。似乎还嫌不够糟糕，神职人员和贵族却可以豁免大部分税费。作家伏尔泰忍不住嘲弄说："通常，政府的艺术在于从一部分公民身上获取尽可能多的钱财来供给另一部分公民。"

随后，对农作物的最终打击呼啸着从天而至。1788 年 7 月 13 日，周长达

40 厘米的冰雹连续敲打着农田。英国驻法国特派大使多塞特勋爵在给英国外交大臣的一系列书信中，描述了这场风暴。《历史：1789 年的革命与气象》一书的作者德特维莱说，多塞特勋爵的报告可能是外交史上最长的气象报告：

> 据说在巨大的冰雹降落前，空中传来的轰响可怕得无法形容……降落的冰雹之大和重量之重在这个国家以前闻所未闻……离圣杰曼斯不远，有两个人被发现死在路上；一匹马被冰雹打得血肉模糊，以至于主人出于人道主义决定杀死它以结束它的痛苦；很难详细描述所遭到的破坏……一片周长至少 30 里格（注：1 里格约等于 4.8 千米）的乡村变得完全荒芜。可以肯定地说，遭受如此巨大破坏的四五百个村庄的村民们如果得不到政府的及时救助，死亡将不可避免；不幸的受害者损失的不仅仅是今年，而且是未来 3～4 年的收成。葡萄藤全部被打断……

饥饿难耐的法兰西民众如今只害怕一件事——那年的冬天会变得出奇的寒冷难熬，而它却偏偏发生了。

在 1788 年，正如托马斯·杰斐逊在自传中所写的那样："一个特别寒冷的冬天来了，如此严寒的冬季在记忆中或人类有记载的历史中还未曾有过。有时候水银温度计显示华氏冰点以下 50° 和列氏冰点以下 22°（列氏温度计是由法国科学家列奥弥尔于 1731 年发明的。在列奥弥尔刻度上，水的冰点是 0°，沸点是 80°。列氏冰点以下 22° 等于华氏冰点以下 45°）。所有户外劳作都被迫中止，那些穷人没有收入自然也就没有面包或食物。"

严寒导致河水结起厚厚的冰，水磨无法运转，粮食无法运输。法国政府被迫采取紧急措施，在巴黎建造人力磨坊来磨面粉。天气如此寒冷以至于储藏在酒窖中的葡萄酒都结了冰，酒桶爆裂。本来冰雹就导致葡萄收成减少，加之经济不景气，葡萄酒的销售也很缓慢。如此一来，葡萄酒商更是雪上加霜、苦不堪言。

随着面包变得越来越稀缺，饥饿的民众也越来越愤怒，暴力倾向也越来越明显。从 1788 年的冬季一直到 1789 年的夏天，农民抨击固定不变的粮食价格，强行打开粮仓，毁坏记录他们封建义务的档案文书。因为害怕遭到破坏、抢劫、偷盗以及其他更可怕的后果，部分面包店被迫关门。有时还必须派士兵来保护面包师的人身安全。不过，最大的爆发还没到来。

资产阶级从农民动乱中觉察到一种可以加以利用从而实现他们政治目的的力量——正是那些律师、医生、艺术家以及银行家等中产阶级渴望废除贵族和教会享有的某些特权。他们分发传单《论战与讽刺》，传播有关国王和王后的恶意谣言——玛丽·安托瓦内特因为其过分行为而遭漫画大肆讽刺。英语单词"libel（诽谤）"就来自这些革命小报。

"他们说，阅读政治传单的热情迅速蔓延至各省，结果法国所有的新闻出版机构都参与进去。"亚瑟·扬在 1789 年 6 月写道，"20 家出版社中有 19 家支持自由，一致对神职人员和贵族发起猛烈的声讨……在探寻问题的另一面时，我很惊讶地发现只有两到三个值得公之于众。"

即便对玛丽·安托瓦内特其他方面一无所知的人，大多也知道她对于面包短缺所说的那句臭名昭著的话："让他们吃蛋糕好了。"不过事实上她却从未说过这样的话。在《忏悔录》中，法国政治作家卢梭提及此事，并说这句话出自"一位伟大的公主"。《忏悔录》写于 1767 年，也就是玛丽·安托瓦内特来到法国的 3 年前，尽管它直到玛丽·安托瓦内特统治时期的最后一年才出版。然而因为这句话十分符合《论战与讽刺》中所画的女王形象，人们就把两者联系起来了。

1789 年 5 月，神职人员、贵族以及第三等级召集三级会议，探讨国家债务以及内乱等问题的解决方案，最后无果而终。选民在如何投票问题上出现严重分歧。如果每人一票，这样就对平民有利，但如果根据财产投票，这样神职人员和贵族就会在票数上胜过平民。第三等级厌烦了无谓的争吵，他们决定组建一个新的政府机构挑战国王。人们聚集在卢浮宫，发誓直到法国制定新宪法否则不会离开。国王无可奈何，只能勉强同意第三等级组建一个有代表性的立法机构——国民议会。不过路易十六打算等召集了足够的军队之后就立即解散议会。

到了 7 月，对贵族统治的不信任以及面包短缺引起的愤怒达到了顶峰，运动开始带有明显的政治意味。它被称为"大恐怖"，因为贵族阴谋的谣言使饥饿的农民陷入恐慌。

"收成差的灾年之后的一年中最糟糕的时候总是出现在初夏。"科班在 1957 年出版的《现代法国历史》中写道，"去年收获的粮食消耗殆尽，而今年的新收成尚未进仓。"

　　毁灭性冰雹之后的一年里，面包价格飞涨。在 1789 年 7 月 14 日巴士底狱被攻占的那一天，面包的价格也达到最高点。法国人找到一种新的方式来浇灌他们的庄稼，这反映在法国国歌《马赛曲》中充满血腥的字眼——"前进！前进！用敌人的脏血灌溉我们的田地！"

　　随着象征皇室暴政的巴士底狱的陷落，动乱演变成彻底的革命。路易十六的王权乃至所有欧洲王室的神秘开始终结。

25 大雨毁了罗伯斯庇尔

　　1793 年 1 月 21 日，巴黎天空灰暗，雾蒙蒙的。在名叫路易十五的公共广场中央，一个巨大的基座空空地立在那里。仅仅一年之前，这个基座上还矗立着一尊雕像，与广场同名的国王英雄般地跨着一匹马。然而今天的法兰西人民已经不再膜拜国王，他们不想看到那些国王的英勇形象，也不想看到任何能让人想起旧秩序的东西。

　　雕塑曾经矗立的地方今天变成了新的建筑，聚集在周围的两万人没有意识到这里即将成为法国下一个历史时代的标志性建筑物：断头台。他们来到这里见证他们以前称为"法国自由的恢复者"——路易十六的死刑。上午 10 点 22 分，随着断头台铡刀的落下，传统意义上君主制的丧钟响彻了整个欧洲。

　　被革命热情燃烧的法国人认为死亡还不足以宽恕皇室的罪过。圣丹尼斯宏伟的皇家陵墓被砸得粉碎，棺木被打开，骸骨被当作纪念品卖掉。革命者狂热地想清除旧社会的所有痕迹，甚至改变了曾统治过他们生活的日历，重新命名一年中的各个月份。巴黎公社的一名成员呼吁销毁自然历史博物馆中所有的珍稀物品，还有一个成员想要放火焚烧国家图书馆。

　　然而，结束旧秩序并不意味着大家能就新秩序达成共识，处死国王也没有解决食物短缺和物价飞涨等问题。这个国家需要一个强悍人物来结束混乱的局面。在这个权力真空时期，马克西米连·罗伯斯庇尔横空出世。历史把他归入世上最血腥的独裁者之列，用尤金·梅斯文的话说，罗伯斯庇尔是"史上众多假借自由理想主义实施大屠杀的第一人"。不过，自然赐之，自然亦取之。一次来得不是时候（在罗伯斯庇尔看来）的倾盆大雨阻止了这个常常与"恐怖统治"联系在一起的人逃脱上断头台。

　　当罗伯斯庇尔还是一个年轻的法律系学生时，他就受到了卢梭作品的极大激励。卢梭认为人性本善，但文明腐化了他们。罗伯斯庇尔完全相信，一旦抛开君主制的桎梏，人民就能创造一个乌托邦式的国度，那里只有自由、平等和友爱。凭着对社会事务的热情和能煽动群众的演讲口才，他被人们称为"廉正圣人"。

罗伯斯庇尔后来入选议会，成为雅各宾派一位颇有影响力的人物。雅各宾派是倡导全民选举、大众教育以及政教分离的政党组织。1792 年罗伯斯庇尔入选巴黎公社，作为国民公会的巴黎代表，他要求处死国王，并通过各种手段最终肃清了议会中反对处死国王的吉伦特保守派。

1793 年 7 月 27 日，罗伯斯庇尔进入前一年 4 月成立的公共安全委员会。委员会的任务是将一个严重分裂的国家团结起来，使其避免随时陷入内战的可能。罗伯斯庇尔在他的日记中说，国家需要的是"同一意志"，为了打造这个意志，国民公会可以使用一切必要的手段。

"在一个宪法政权中，只需要保护公民个体免遭政府权力的虐待。"罗伯斯庇尔说，"但是在一个革命政权中，政府就必须自我保护，防止各种派系的攻击……只有奉公守法的好公民才值得政府的保护，对人民的敌人就得用死亡来惩罚。"

那些被委员会认为是人民敌人的人越来越多，例如有个锁匠以"狂妄自大，讽刺革命"的罪名被处死。为了使这些危险的狂妄分子噤声的程序简化，国民公会通过"牧月（法兰西共和历的 9 月，相当于公历 5 月 20 日到 6 月 18 日）22 日法令"废除了受指控罪犯的辩护权。这样一来，指控某人犯罪就等于认定他有罪，从而大大提高了判死刑的效率。最早被处死的一批人中，就包括那些反对这条法令的人。

1794 年 4 月 5 日，罗伯斯庇尔利用这条法令赋予他的权力对付了他最大的对手——乔治·丹东。丹东曾经是罗伯斯庇尔的亲密朋友，常常被认为是推翻君主制和建立法兰西第一共和国的中流砥柱。1794 年 3 月，丹东的妻子去世，罗伯斯庇尔给他写信说："我比以前任何时候都更爱你，我将永远爱你，直到我死。"但在初期革命之后，丹东却并没有爱上罗伯斯庇尔"人民的'同一意志'"，他号召收敛，结束被人们所说的"恐怖统治"。罗伯斯庇尔失去了爱，丹东失去了脑袋。在接下来的 3 个月里，2085 位人民的敌人在断头台上身首异处。断头台下特意挖了一条沟，以便每天行刑产生的血流走。人人都在担心某一天突然受到控诉而送命。

到了 1794 年的热月（也就是我们所说的 7 月），公共安全委员会内部形成了一个秘密的反对派，他们控制了警署、法院和监狱。如果罗伯斯庇尔对反对派像对其他人民敌人那样果断，可能就挽救了他的统治，不过这次他却优柔寡断、迟疑不决。他的支持者督促他镇压阴谋叛乱，他却躲在家里生闷气，似乎因为遭到背叛而沮丧万分。

到了热月 8 日（7 月 26 日），罗伯斯庇尔终于现身，并在国民公会上发言："我们断定有一个针对公共自由的阴谋。这个阴谋因为与犯人联盟而获得力量，而阴谋的策划者恰好就在我们国民公会内部。在公共安全委员会里，甚至都有联盟的同谋，我十分清楚这些破坏分子是谁。"

阴谋者受到了警告。指控还是被指控——现在是做出决定的时候了，他们必须在罗伯斯庇尔将他们处死之前采取行动。阴谋者不分昼夜地活动，罗伯斯庇尔在雅各宾俱乐部的支持者劝他用武力夺取国民公会的控制权，但是罗伯斯庇尔仍然相信公会站在他这边。

第二天，热月 9 日（7 月 27 日），闷热潮湿，人在这样的天气里很容易变得脾气暴躁。国民公会大厦里聚满了欢呼支持罗伯斯庇尔的雅各宾派。罗伯斯庇尔的一个亲信圣约斯特登上讲台，但却被阴谋者之一塔利安一把推开。塔利安有个人的利益要维护——他的情妇卡瓦鲁斯及其朋友、拿破仑未来的妻子约瑟芬·博阿尔内一同被抓起来了。

这位大胆的阴谋者大呼："暴君下台！"每次"廉正圣人"想要发言都被吆喝下去，然后阴谋者提出一个建议：逮捕罗伯斯庇尔。开始，附和的人很少，不过呼喊声越来越高，随后就宣读了一份逮捕马克西米连·罗伯斯庇尔及"他的流氓帮派"的命令，把他投入监狱。之后，国民公会出人意料地宣布晚餐休息。

雅各宾俱乐部成员不会静观罗伯斯庇尔下台而不发起反抗，全副武装的巴黎公社成员冲过来解救他们的领袖。巴黎似乎又一次濒临内战的边缘，此时此刻正是罗伯斯庇尔用他充满激情的演讲来团结他深爱的人民的时候，但叛乱却令他垂头丧气、心灰意冷，来救他的人催促着他离开了监狱。

与此同时，巴黎公社的人调集了一支庞大的炮兵以及 3000 名民兵组成的队伍，等待罗伯斯庇尔的指示。他在晚上 10 点半左右到达市政厅，但他与最亲密的顾问没有理会外面的人群，也没有向他们喊话，而是专注于起草一份宣言，呼吁公社的支持。站在罗伯斯庇尔窗外的队伍厌倦了等待"廉正圣人"的命令，越来越躁动不安。人群的"同一意志"开始瓦解，打斗爆发、窗户被砸、商场遭抢，部分支持者在混乱中逃走。

罗伯斯庇尔本来可以从打开的窗户向支持者讲话，从而轻易重新控制局面。不过，大自然出来添乱了，约午夜时分，下起雨来。开始还只有零星的雨点，但很快雷电交加、大雨如注，暴雨持续了一个多小时。站在深及膝盖的水坑里遭受暴雨的冲刷，即便是最热心的支持者最终都放弃了。当罗伯斯庇尔最后恢复镇定，准备对群众发言时，从窗外看去，外面的广场上已经空无一人。他最后一次夺回权力的机会也被雨水冲走了。

到了凌晨两点左右，公会分子又出发来抓他们臭名昭著的囚犯。没有受到任何人群的阻挠，他们径直冲进了市政厅，在那里找到罗伯斯庇尔以及周围仅有的十几个随从。他正准备在宣言上签字，有人高喊"罗伯斯庇尔万岁！"，随后爆发了混战。罗伯斯庇尔不忍看到他对国家的梦想以这种方式结束，于是用手枪对准自己，不过不知为何子弹没有打中要害，只击碎了下颌骨。

第二天，因为失血而虚弱的罗伯斯庇尔被抬上了断头台，在仅有的一点意识中，他被砍了头。刽子手在砍头前撕下了罗伯斯庇尔受伤的下颌骨上的绷带，他死前的最后一句话就是痛苦的尖叫。

26 风暴使爱尔兰联合会的反英叛乱失败

　　18世纪晚期,"革命"的呐喊激励着欧洲各国的作家、自由思想家,还有叛乱分子,国王和皇帝们则听得心惊胆战。美国以及法国革命的浪潮激励着一群爱尔兰人在1791年建立了爱尔兰人联合会,他们的宗旨是联合天主教和新教,摆脱英国的统治。

　　起初,密谋仅仅停留在空谈——酝酿观点、编写书籍上。不过当法国在1793年对英国宣战之后,联合会的领袖之一西奥博尔德·沃尔夫·托恩看到了机会。爱尔兰战士将联合法国人,制定一次全面的入侵,将英国人赶出爱尔兰的土地。1796年12月15日,就在这一切即将发生时,一场风暴却从天而降,驱散了法国的舰队。

　　托恩出生于1763年,父亲是一个马车工匠。他从都柏林的神学院毕业,获得法学学位,并于1789年加入爱尔兰律师行业。尽管他本人不是一位天主教徒,而且也一直没有遇到过一位天主教徒,但他却代表爱尔兰天主教发表了一份颇有影响力的"论点",从此成为天主教事业最著名的倡导者之一。然而,托恩却偏偏不喜欢牧师、教皇制度甚至任何宗教。他认为在人民赢得他们的政治自由之后将推翻所有的宗教,不过与此同时,他也相信针对天主教的歧视造成了使爱尔兰分裂的仇恨,而这不利于爱尔兰获得自身的独立。

　　得益于他的"论点",托恩被任命为天主教委员会的副书记。在为委员会工作期间,他接触到阿奇巴尔德·汉密尔顿·罗温,后者倡议在爱尔兰成立一个与法兰西共和国国民卫队相当的组织,这个建议几乎立即受到都柏林城堡的压制。通过罗温,托恩遇见了威廉·杰克逊——英国教会前助理牧师,其实他是法国派往爱尔兰的间谍,任务是打探爱尔兰人对法国入侵他们的国家会有什么反应。这个想法引起了托恩的兴趣,他在信件中做了回答:"这个国家大部分地区人民处于水深火热之中，最主要的是近 700 年来的暴政使得爱尔兰人听到英格兰就痛恨不已，因此毫无疑问，军力足够的入侵必将得到拥护。"

　　然而托恩却不走运，他这个观点的抄本被送到英国当局，杰克逊被捕、受审、定罪。在被判刑前，他用砒霜把自己毒死在法庭上。罗温逃到了法国，有人劝托恩像当时许多爱尔兰反叛者一样到美国去闯荡。

　　1795 年 6 月，痛苦、愤怒的托恩与家人一起乘船前往美国。他此刻更加坚定要把杰克逊的计划付诸行动，一抵达费城，他就找到法国牧师皮埃尔·阿迪，请求他的帮助，将爱尔兰从英国的统治中解放出来。1796 年 1 月 1 日，托恩离开美国前往巴黎，带着阿迪写给法兰西公共安全委员会的密件，托恩于 2 月初抵达目的地。魅力不凡的托恩四处游说法国政要出兵支持，尽管受到礼遇，他的请求却无人理睬，直到遇见拉扎尔·奥什将军。

　　奥什曾参与镇压西部海岸布列塔尼和旺代的起义，这次行动死了 60 万人。奥什迫切地想与英国人交手，他计划出动 1.5 万人的舰队，托恩将作为准将与伊曼纽尔·德·格鲁希将军共同坐镇"不屈"号。

　　1796 年 12 月 16 日，17 艘战舰从布雷斯特出发。原本计划多出动几艘船，不过因为天气原因，其他几艘船无法加入舰队。舰队的指挥官海军上将贾斯廷·摩拉多·德·嘉莱士害怕在海上遇到英军，采取了推托策略。由于浓雾，17 艘战舰中有 8 艘远离了舰队，完全靠着运气，12 月 21 日在班特里湾，失散的舰队又汇聚到一起。他们计划在贝尔岛停锚，然而被托恩描述为"恶魔般的东风"把大部分船吹到深海。风暴持续了近两个星期，越来越猛烈，"吹的是超级飓风"托恩写道。格鲁希将军无法使士兵上岸，更糟糕的是，本来应该与法国人并肩作战的爱尔兰联合会成员此刻却待在他们温暖干燥的家里。失望、疲惫、潮湿的法国人放弃了，调转船头回家。

　　当然，我们永远无法知道，如果当时天气晴朗，而法国人又成功登陆，结果会怎样。法国人曾许诺他们会像在 1778 年帮助美国人一样帮助爱尔兰人。他们会参加战斗，然后让爱尔兰人来治理国家，不过并不是所有的人都对此深信不疑。

　　历史学家大卫·威尔逊在《联合爱尔兰人，美利坚合众国：共和国早期的移民激进分子》中写道："与法国的联盟战略本身就十分危险。解放的军队有一个奇怪的习惯，他们往往成为被占领地的军队。法国在欧洲大陆建立的'姊妹共和国'看起来倒疑似卫星国……对法国的依赖恐怕会用一种形式的帝国主义替代另一种。"

这次几近成功的军事行动增加了英国人的恐惧，促进了共和分子的反抗浪潮。联合爱尔兰人加紧了他们的革命计划，而新教徒亲英分子也愈加坚定地要把这些革命运动掐死在萌芽状态。猛烈的反扑，使天主教的愤怒火上浇油，出现了更多的革命斗士。

1797 年，托恩试图再次挑起法国人侵爱尔兰的兴趣，但却没有获得多少支持，拿破仑·波拿巴对此并不热心。联合爱尔兰人计划在 1798 年发动一次新的暴动，期待法国出动与上次放弃攻击同等规模的军队，但是托恩只能唆使少量的部队在爱尔兰沿岸的各个地方进行小规模的偷袭。起义军只在韦克斯福德郡取得了局部的胜利，很快就于 1798 年 6 月 21 日在维尼格山被英军打败。当法国军队最终赶到时，已经太晚了，起义几乎接近尾声。法军在卡斯尔巴赢得一场胜利，不过也很快被包围，成了俘虏。

9 月，托恩在多尼戈尔被捕。在审判中，他宣称自己的目的是"用公平和公开的战争使两个国家分离"。他被判处绞刑，但在行刑前，他用袖珍折刀自刎，死于 1798 年 11 月 19 日。

联合爱尔兰人的起义不仅对爱尔兰有影响，对美国和澳大利亚的文化也有影响。许多起义分子逃到了美国或者被发配到澳大利亚。

　　1800 年 8 月 30 日，历史中的这天或许应该发生这些事情：美国弗吉尼亚州里士满的成千上万奴隶起义，反抗他们的主人，夺取城市军火库，杀死抵抗他们的白人，进入邻近城镇，释放所有的奴隶，把弗吉尼亚变成背井离乡的非洲人家园。所有这一切，如果不是因为一场暴风雨淹没了桥梁和公路，或许就真的发生了。

　　奴隶制在美国南方比北方更盛行并不仅仅是因为意识形态的差异，美国最初分为奴隶州和自由州主要是因为天气。拥有人的麻烦就在于你必须给他们提供饮食和住所，不管他们为你工作与否。在生长季节很长的地区，这种矛盾相对较轻，但在寒冷的北方，夏天不够长，从奴隶劳作中所得的利润还不足以抵消维持契约佣工的成本。

　　正因为如此，从非洲贩卖到美洲的奴隶大多生活在巴西、加勒比海群岛以及美国南方，这些地方的热带气候以及漫长的生产季节使拥有奴隶有利可图。到了美国独立战争时期，美国北方州的非洲裔美国人有 40% 是自由的，而在南方州则只有 4%。一个被忽略的事实是，奴隶贸易如此活跃，以至于在 19 世纪 30 年代以前，受胁迫移民新大陆的非洲人数量一直超过欧洲移民，19 世纪 80 年代以前，非洲移民的累积总人数也一直比欧洲移民总人数多。

　　终于，人们注意到这种南北奴隶分水岭，并试图找到合适的依据或者解释。许多人正确地猜测这与气候存在某种联系，不过他们的结论却相去甚远，认为南方气候中存在某些对白人有害的因素，而黑人却对此具有免疫力。

　　美国佐治亚州州长约翰逊在 1850 年的一次演讲中这样总结道："他们无法雇佣劳工来开垦稻田、灌溉洼地或者疏浚沼泽。为什么呢？因为那里的气候对白人是致命的，白人无法去那里生活上一个星期。因此除非用钱购买劳力，否则那片广袤的土地将永远是荒原"。

　　天气还往往被认为是奴隶"恶劣工作习惯"的根源。那些不能分享财富、没有任何未来、仅仅被当作财产的人可能对工作毫无热情，而奴隶主不会去多想这一点，相反，当时有些思想家将其归因于天气。"当安排睡觉时，"路易斯安那州的塞缪尔·卡特赖特医生写道，"老老少少、男男女女本能地盖住他们的头和脸，似乎是为了确保吸入温暖却充满了碳酸和水汽的污染空气。这种行为的自然后果就是血液大气化很差——这是将黑人束缚在奴隶制的众多沉重枷锁之一。"

尽管北方州不支持拥有奴隶，但他们的经济却也间接地依赖于奴隶劳工。奴隶们种植的棉花是美国 19 世纪早期的主要出口商品，新英格兰的纺织厂需要低成本的棉花，棉花还被作为原材料出口到英国，棉花以及纺织业极大地推动了美国的经济发展。

1807 年，美国通过立法禁止奴隶贸易，该法案于 1808 年生效，同年英国国会也将武力胁迫非洲人移民定为非法。1810 年，英国与葡萄牙谈判，呼吁在南大西洋逐步废除奴隶贸易。然而，尽管奴隶贸易结束了，奴隶制度还继续存在，于是现有的奴隶价格开始猛涨。

这就意味着即使是在气候温和的南方州，一年到头地供养一个奴隶也不划算了。为了弥补损失，农场主会在淡季把奴隶租借出去，而且越来越多的年轻奴隶开始接受职业培训以增加其价值。与前几代奴隶不同，这些熟练的工匠了解到农场以外的生活，他们与城市居民以及来自其他农场的奴隶有了交流。这一点后来被证明对奴隶制度存在威胁。

24 岁高大英俊的加布里埃尔就是这些奴隶工匠之一。他有时被记载为加布里埃尔·普罗瑟，不过普罗瑟不是他父母的姓，而是他主人的姓，他是托马斯·普罗瑟和妻子安农场上一个奴隶家庭的三兄弟之一。有人，很可能是安，教会了幼年的加布里埃尔读和写，使他成为奴隶中具备此项能力的极少数人（约 5%）。为了充分利用他的时间，主人让他去学习打铁。

"如果换一个环境，加布里埃尔将大获成功，"史学家道格拉斯·艾格顿写道，"他的智慧、体格以及技术将使他成为一位冉冉升起的新星。然而环境还是那个环境，加布里埃尔也只是杰斐逊时期弗吉尼亚州的一名黑人。"

他本可以像许多与他同样处境的人那样逃到一个自由州去，但是加布里埃尔却不想抛下他的兄弟以及新婚妻子南妮。无论如何，逃跑就意味着放弃责任。加布里埃尔并不想自己一个人获得自由，他想所有的奴隶都能获得自由，他开始相信唯一的出路就是反抗他们的压迫者。天天聆听政治讨论和阅读新闻标题，他越来越坚信行动的时刻就要来临，这个国家已经出现严重裂痕，联邦政府将随时瓦解。

在此期间，加布里埃尔遇到了一位法国人，名叫查理·奎西。这位废奴主义者在种植园主中恶名远扬，他周游各个奴隶州，暗示黑人应该起来反抗白人。加布里埃尔愈加深信时候到了，他的计划是让查理·奎西帮助他组织起义，他俩将召集 1000 人攻入里士满。召集这样一支队伍应该不成问题，因为里士满地区居住着 8000 名黑人。只要组织有序，只需要其中一小部分人就足够压过白人。他们将声东击西，在仓库区域放火，然后夺取金库，把钱分给叛乱人群，并竖起一面旗帜，上书：死亡或者自由。最后，他们将抓住州长詹姆斯·门罗，用他来换取他们的自由。贵格会、卫理教、法国人以及贫穷的白人将不会受到伤害，因为加布里埃尔认为他们的权力几乎与奴隶一样少，因此也会加入奴隶起义阵容。

作为一名铁匠，加布里埃尔比许多奴隶拥有更多的行动自由。每月有几天时间，他轮流在里士满的各个种植园劳作，在那里，他遇到许多奴隶并与他们交谈。渐渐地，加布里埃尔向一小群密友透露了行动计划，参与者的数量越来越多。他们偷偷地用农具在几个月时间里制造出粗糙的剑和刺刀，并把起义时间定在 8 月 30 日。然而，当天早上，属于摩兹比·谢帕德的两个奴隶：汤姆和法劳向主人告发了这次阴谋。

大约到了黄昏，正如一位当地人叙述的那样，"出现了我在这个州见到的最可怕的雷暴，还伴随着大雨。"道路被冲毁，溪水上涨，桥梁被淹，交通和通信基本中断，只有少数加布里埃尔的人赶到了集合点。屈指可数的几个浑身湿透沾满泥浆的奴隶不可能发起有效的反抗，而且溪水上涨得很快，他们能够回到镇里就算万幸了。最后只得传话，第二天晚上他们再次碰头。

与此同时，意识到自己已经上了死亡名单的摩兹比·谢帕德根本顾不了恶劣的天气。他无法通知到民兵队长威廉·奥斯汀，但还是不顾危险，来到了当地的旅店，把这个消息告诉了那里的种植园主，种植园主们迅速行动起来，第二天就抓了几十个黑人。加布里埃尔乘船逃脱，但是一个月以后在诺福克被抓获，被带回到里士满受审。在审判会议上，加布里埃尔，又或许是另一位被抓的奴隶，做了一次难忘的演讲。

"我没有更多好说的，正如华盛顿将军如果被英国人抓住并受审，他也肯定无怨无悔。我不惜生命，只为尽力获得我的同胞的自由。为了他们的解放，我愿意牺牲自己，请你们立即将我处死。我知道你们早就已经决定要我血染刑场，为何还要搞这种审判的把戏。"法官们满足了他的愿望，在 10 月 8 日将他绞死。202 年后，里士满市议会一致通过了一项决议，称加布里埃尔·普罗瑟为"美国爱国者和自由战士"。

28 天！这里真冷呀

——拿破仑入侵俄国

当拿破仑在 1812 年将目光投向俄国时，他似乎就是一个无敌的战神。他计划率领史上最强的军队渡过涅曼河入侵俄国。60 万"大军"中包括来自已经被法兰西征服的地区，也就是说几乎所有欧洲国家的士兵。征服俄国似乎也是必然——俄国的军队只有 18 万人，而且沙皇亚历山大从未有过率军征战沙场的经验。拿破仑也仔细研究过瑞典查理十二世命运不济的侵略战，不过他自认为要比俄国以前的入侵者聪明得多。通过周详的筹划，法国人将在冬季到来之前就撤出俄国，天气的破坏不会成为一个因素。拿破仑成为"欧洲所有首都主人"的雄心无可阻挡。

拿破仑有一点没有充分考虑到，那就是俄国不仅有严寒的冬季，而且气候往往处于两个极端。拿破仑的侍从武官德赛古很快就意识到，"俄国的天气就是这样，总是处于极端，没有温和的时候。要么烈焰炙烤，要么洪水泛滥；时而快要把土壤和生灵烧焦，时而又把它们冻得凝固。变幻莫测的天气用炎热拖垮我们的身体，好像要在随后寒冷进攻之前先把我们软化。"

天气从一开始就不与法兰西人合作。攻击刚开始，士兵们就遭遇了强烈的暴风雨，浑身湿透。拿破仑的军队用马车拉着重型武器以及够每个士兵吃 14 天的粮食出发来攻打莫斯科。大雨之后，很多马车不得不扔掉，因为轮子都被泥泞掩埋。

关于俄国出了名的严冬已经多有记述，不过很少有人知道俄国的天气也会很热。拿破仑的军队穿过立陶宛，奔向莫斯科时，夏季的炎热使部队遭受很大的打击，他们没有帐篷，因此无论干湿，都得露天睡觉，靴子也磨破了。水井很少，有些脱水的人被迫饮用路上车辙里的马尿。

俄国人拒绝与法兰西"大军"进行大决战，他们很明显在坚决回答这个问题："如果要打仗却没人应战会怎么样呢？"法兰西人前进，俄国人撤退，法兰西人继续前进，俄国人再次后退，俄国总是有大片的土地可供撤退，就这样又过去了两个月。拿破仑的主力部队已经减少到 10 万人——绝大多数死于炎热和疲惫，而不是步枪子弹。看起来好像法国人在尚未进行一场真正意义上的战役之前就要输掉这场战争了。

拿破仑决心在冬季到来之前赢得一场胜利。在 9 月，他们打了伯罗的诺战役，这也是本次法俄战争中唯一的全面对抗战。战斗异常残酷、血腥，但却没有任何决定意义。然后战争又回到熟悉的模式：俄国人撤退，法国人追击。

几周之后，拿破仑抵达了莫斯科。战利品令他们大为失望，士兵们期待着能找到几个俄国妇女来娱乐一下。"这是法兰西士兵的特点，"士官阿德里安·波艮地写道，"从打仗到做爱，再从做爱到打仗。"拿破仑期待一个俄国代表团来见他，欢迎他这个胜利者，并给他城市的钥匙，这样他就可以为新征服的臣民制定法则。

然而，他们却发现莫斯科已是一座空城。撒克逊少尉莱斯恩伊希写道，"城里没有任何人来将他们拥有的东西提供出来，那法国士兵能怎么做呢？"他们开始洗劫。起初只是搜寻食物、服装以及娱乐对象，后来他们的背包里就装满了带给家乡妻子的礼物——烛台、相框、珠宝、礼物以及皮草。

留在莫斯科的俄国人从彼得大帝的经典教材里上了一课，等最后一批俄国军队离开以后，他们纵火烧掉任何对随后可能赶到的法国人有用的东西。据《北方之狐》的作者罗杰·巴金森说，俄国军队从莫斯科撤出时，为了鼓舞士气，军乐团开始演奏乐曲。米哈伊尔·米罗拉多维奇将军骑着马怒气冲冲地来到乐团指挥官面前说："哪个笨蛋让你们演奏的？"乐团官员解释说，根据彼得大帝制定的规则，驻军在离开堡垒之前一定要演奏合适的音乐。"彼得大帝有哪条规则要求莫斯科投降呢？"米罗拉多维奇吼叫，"赶快让那该死的音乐停止！"

在他们身后，垂头丧气的士兵留下了一座废墟。借着风力，烈火愈烧愈旺，肆意吞噬着一个又一个街区的木建筑，把锡制屋顶以及教堂圆顶抛向空中。大火连续烧了 3 天 3 夜，沿途的一切俱化为灰烬，等火最终熄灭时，拿破仑三分之二的胜利果实已经化为乌有。当拿破仑清楚沙皇亚历山大一世无意投降后，他于 10 月 18 日下令撤退。

10月的天气一直相对温和。拿破仑公开嘲笑那些用俄国冬季的恐怖故事来吓他的人。不过情况马上就会不同了，拿破仑将很快亲自感受他的参谋们一直念叨的寒冷。11月6日，瓢泼大雨变成了雪，白茫茫地盖住了大地。用19世纪历史学家查理·莫理斯的话来说，这个国家很快变成了"一片沙漠，冰封雪冻的荒僻之地无法为部队提供食物，也没有什么奖赏……战争魔鬼来到了一个寒冷而荒凉的国家。"

寒冷是一个机会均等的杀手。俄国人也受到了严寒的破坏，但他们至少还有御寒的衣服。在那些年代，军队往往不会在冬季打仗，因此法国人并没有准备冬季军服，他们的制服甚至都遮不住肚子，里面只有马甲，骑兵的头盔反而把热量吸走。堕落的法国人很快变成一支穿异性服装的军队——从莫斯科洗劫而来的丝绸、皮草、裙子甚至还有做礼拜时穿的弥撒祭服都成了法国人抵御寒冷的材料。

一位名叫佩列特的上校写道："这是一场持久的化装舞会，我觉得非常好玩，他们走时我还会开他们几句玩笑。"

冰冻的后果之一就是路面变得很硬，马车在冰上很容易打滑。许多车夫就把车轮卸下来，将马车凑合着做成雪橇。可是一两天之后，雪开始融化，地面又变成了泥沼，雪橇再也派不上用场。许多马车连同车上的口粮、武器以及行李只得一起被扔掉。后来拉车的马也冻死了，被抛弃的马车更多。饥饿的士兵把马肉当作美餐，当马肉腐烂味很重时，士兵们就在上面撒上火药来掩盖气味。流浪狗和猫也未能幸免。

当法国人碰巧遇上一个还算完好的村庄时，他们又差点把整个村庄烧掉。俄国人的房屋都用糊上泥巴的木头炉子取暖，这些炉子必须慢慢加热，但一个快要死于饥饿和寒冷的人哪顾得了这些，他们尽可能快地给炉子生起了火。你知道接下来会发生什么吗？——炉子着火了，整个房屋都烧了起来，还烧死了几个士兵。

11月25日，带着仅剩的5万人，拿破仑来到了贝尔齐纳河。深深的河水流向南方，拿破仑准备渡河的桥梁已经被俄国人破坏。天气糟糕透顶，要是能够再冷一点，河水就能结冰，士兵就能轻易地走过去，然而天气却刚好冷到使河水冰冷刺骨，漂浮着冰块，可就是无法走过去，任何冒险下河的人都遭遇了不测。

鉴于拿破仑军队的人数，要通往河对岸的唯一途径就是尽快建造两座桥。

一些勇敢的士兵冒着几乎必死无疑的危险下到水中去定位水下支撑物。经过一整夜不停地工作，到 11 月 26 日早晨，"大军"终于可以过河了。残余部队过河也花了一天多的时间。安全到达对岸后，他们烧了桥梁以阻断追击的俄国军队。

寒冷还在继续使法兰西军队减员。12 月 6 日，气温降到了零下 38℃，瘦骨嶙峋的士兵们蜕变成"凶残的野兽"，他们为了抢夺一块马肉或者一件死人身上的外套而动刀动枪，争得你死我活。多达 4 万人在短短 4 天里死亡——他们的尸体散落在街头。在立陶宛首都维尔纽斯，据说那些垂死绝望的士兵洗劫了当地医学院，搜寻保存的人体器官来吃。

当地人用了几个月的时间来清理死尸。地面冻硬，他们无法挖掘坟墓，于是就把尸体扔进法兰西人在战争初期挖掘的战壕里。2002 年，在一个新的住房开发项目中，推土机挖出了这片巨大的墓地，2000 人曾长眠于此。

挺进俄国的 60 万大军，最后只剩下 3 万人回到法兰西。大多数人因为恶劣的天气送命，而不是在战场上阵亡。同样被遗弃在俄国的还有 16 万匹马以及法兰西"大军"的 800 门大炮。

那些大炮的作用直到 70 年后柴可夫斯基写《1812 序曲》时才体现出来。这首乐曲已经成为美国管弦乐队在 7 月 4 日演奏的保留曲目，许多美国人隐约觉得曲子与 1812 年战争（译者注：美英之间的最后一次战争）有关，却不知它是为纪念俄国打败拿破仑而写。巧合的是，英国人搞出一个羊和鸡表演的版本，作家玛格丽特·阿特伍德于是忍不住讽刺道："将军们把事情搞砸，他们的惨败变成艺术，然后艺术又被弄得一塌糊涂。这就是发展的步伐。"

拿破仑痛苦而彻底的失败证明这个皇帝不是不可战胜的。1812 年 12 月 17 日，伦敦的《泰晤士报》这样总结道："无论波拿巴逃跑与否，他的军队已经完了，他的军事威名扫地。他将如何面对他的人民很值得我们思考：他或许再也不能东征西讨、称王称霸了。"

俄国的胜利被认为是拿破仑王朝灭亡的开始，1814 年滑铁卢宣告了它的结束。这次战争的结局本应对任何企图入侵俄国的人起到警示作用，但有人却偏偏不吸取教训。

《星条旗永不落》

啊！在晨曦初现时，你可看见

是什么让我们如此骄傲？

在黎明的最后一道曙光中欢呼，

是谁的旗帜在激战中始终高扬？

烈火熊熊，炮声隆隆，

我们看到要塞上那面英勇的旗帜

在黑暗过后依然耸立！

啊！你说那星条旗是否会静止？

在自由的土地上飘舞，

在勇者的家园上飞扬？

……

美国国歌《星条旗永不落》是一首诗，大部分以问句的形式呈现，并搭配进行曲的旋律。《星条旗永不落》这首诗并不是纪念美国革命战争，但纪念的是美国史上最不寻常的战争：1812 年战争。引发这场战争的原因不明，在战争开始的时候，英国早已对美国的要求有所让步，因为他们更关心的是拿破仑在欧洲的一举一动。由于战场上的士兵一直没有收到已签订和平协议的通知，这场战争的主要战役是在签订了一份和平协议之后发生的。几乎是在没有任何正当军事理由的情况下，加拿大和美国两国的首都就被烧毁，华盛顿由于爆发了一场飓风，才避免了完全崩溃的命运。

在革命战争后，"自由的土地"远非一股超强的力量。战后，这个涉世未深的国家负债累累，企业和资源被战争摧毁。"美国人是在没有任何准备的情况下开始这场战争的，"1899 年历史学家斯卡尔写道，"他们以赊账的方式打这场战争，14 年后，只有 300 万人口的美国欠下的债务就高达 5 亿美元以上！" 最初的 13 个州也只是名义上的"结合"，州政府比国家政府更健全稳定，有关国会对各州事务有多少权力这个议题的长期争论，一直到内战爆发时才结束。当时，没有人认为美国日后会成为世界舞台上的主角。

1821 年战争爆发的原因，主要是美国在拿破仑战争期间对英国海事作业的不满，英法两国都忙着封锁欧洲的海岸，这妨碍了美国的运输业。为了解决这个问题，1807 年，美国托马斯·杰斐逊总统制定出了非常不受欢迎的《禁运法案》，该法案限制与交战国进行贸易。由于美国佛蒙特州境内并没有海港，因此佛蒙特州的人们起初并不在意这项法案。但是等他们发现这项禁令禁止他们与邻国加拿大贸易时，两国间的走私活动就开始蓬勃发展起来。其中，有个方法很有创意：在佛蒙特境内山区的山丘顶上，建造一座简陋的棚屋，等棚屋里存满了货物之后，那些走私者就会将一根支撑用的横梁移开，这样一来，这栋棚屋就会"意外"坍塌，货物会从山坡滚入加拿大境内。虽然《禁运法案》在 1809 年被废除，但是拿破仑战争已持续干扰着美国的航运权。

法国虽然同意不干扰美国与英国的贸易，但却是有条件的同意。事实上，法国和英国一样都对美国航运权进行干扰，但是美国对革命战争盟国的愤怒显然比对旧敌的愤怒小很多。美国国会在 1821 年 6 月 18 日对英宣战，当宣战的消息越过大西洋传到英国时，英国已经撤销了引发这项争论的政策。

无论怎样，这场战争还是开始了。战争的第一顺序在今天听来像一则笑话的结尾警语。美国入侵加拿大，其目的是将英国人赶出美国北方的殖民地，以确保美国的安全，而且这个过程可能可以扩张领土。许多加拿大领土上都住着革命战争期间逃离美国领土的英国移民，当这场新战争爆发时，许多移民并不确定该支持哪一方，于是他们尽可能不干预战争。

这场反对加拿大联合英裔美国人力量的战役不过是完全的倒退和失败。五大湖边爆发了许多小冲突，底特律被英裔加拿大人占领后又被美国抢回来了。1813 年 4 月，美国人占领并烧毁了约克市（即现在的多伦多）。为了报复，英国人袭击了华盛顿。

1814 年 8 月 24 日，当 4000 名刚打过拿破仑战争而且训练有素的英军踏入华盛顿城时，城内居民和军人都陷入了恐慌。保卫华盛顿的美军不仅装备简陋、训练差，而且没有做好准备，甚至大部分人没准备打仗。美国首都华盛顿的整个防护力量总计只有单排步枪的火力，英军完整的伤亡人员名册中写着：1人阵亡，3人负伤。英军轻而易举地进入美国国会大厦，但是他们却认为这一切不可能如此容易，美国人一定埋伏在什么地方等着，于是向国会大厦的窗户发射火箭，并猛攻国会大厦的入口，但是国会大厦里空无一人。

当英军指挥官科克本将军发现自己置身于民主国家议席上时，便坐上众议院的发言席，并提出问题进行表决："各位先生，这个问题便是：烧掉美国人的这个民主殿堂好吗？赞成的请大声回答！"然后无记名投票一致通过，决定放火烧毁这座被遗弃的城市。

接着，他们走进同样被遗弃的总统官邸。值得一提的是，当时的第一夫人——多利·麦迪逊夫人在离开官邸时，还带走了吉尔伯特·斯图亚特画的华盛顿肖像画。英军在仔细搜出诸如詹姆士·麦迪逊总统寄给妻子的情书等纪念品后，同样也将总统官邸烧毁。其中一位逃出华盛顿城的民兵是身为律师的弗朗西斯·斯科特·基，他和妻子波利加入了前往马里兰的行列中，马里兰正是当时麦迪逊总统逃亡的目的地。当夜晚快结束时，财政部也已经火光四起。

一个政府机关部门确实需要有人来保护。专利局主管威廉·桑顿博士起身反抗入侵的英军，他告诉英军，如果他们烧掉专利局，那他们就跟烧毁亚历山大图书馆的蛮夷没有什么两样。英军不屑一顾地离开了专利局，走进无人把守的要塞，并破坏了那里的火药库。在这里，英军做了一件美军当时曾想做但没有做到的事情，即在引爆的过程中炸死了30名英军。

但是更多英军死于飓风，而并非美国人或英国人的火药。就在华盛顿仍旧是熊熊烈火的同时，飓风袭击了华盛顿市中心。当时即使英军没有行动，大自然仍有可能会摧毁美国所有的政府大楼。英国军事史学家乔治·格雷戈描述了这些事件。

这股风的巨大力量完全出乎意料。屋顶就像一张张纸突然旋进空中一样被扯掉了，同时伴随着倾盆大雨，如巨大的瀑布洪流冲刷而下，反倒不像是从天而降的雨。天空是那样的阴暗，暗到仿佛太阳已经下山许久，而最后的一丝余晖已经出现，偶尔穿透阴暗的亮光但稍纵即逝。这一切，加上风声和雷声、建筑物轰塌的声音，还有那些从墙壁上扯下来、呈现撕裂状态的屋顶，所有这些都制造出我从未见过的最骇人的效果。飓风不间断地持续了两个小时，这期间，我们手下留情放过的许多房屋都被风吹倒了；一些居民，以及我们的 30 位弟兄，被埋在残垣断壁下。我们好像打了大败仗似的，溃不成军，有些弟兄飞奔至建筑物后方寻找掩蔽，有些则平躺在地上，以免自己被这阵飓风吹走；高地上的两门大炮被整个提起，甩到后方几米远的地方。

这阵暴风雨浇灭了英军引燃的好几处大火，但是同时也损毁了英军放过的唯一一栋政府办公大楼——桑顿博士专利局的屋顶被吹走了。在完全混乱的情况下，英军司令官罗伯特·罗斯少将下令撤退，但就在此前不久，英军逮捕了一名战俘——威廉·宾乃斯博士，他以掠夺和拘留英军的罪名而被捕。

律师弗朗西斯·斯科特·基同英国军队交涉释放宾乃斯，就在他登上美国切萨皮克湾内的英军战舰时，英军开始袭击巴尔的摩的麦克亨利堡。这场战役并不是 1812 年战争中的重要战役，因为英军使用的武器准确度不佳，美军的枪炮有限，双方的损失都很小。但是至少有一位观察家——也就是基——感觉到美国这个国家似乎命悬一线。

首都被遗弃并残破不堪，这个比基大 3 岁的年轻国家，似乎很可能重新被并入到大英帝国。还是一样的狂风暴雨，基一整夜都没睡，他透过一支小望远镜注视着麦克亨利堡，试图穿过浓雾和黑暗，找到美国国旗所在的位置。

"5 点 50 分，正是太阳升起的时间，"沃尔特·罗德在《黎明的曙光》一书中写道，"但是今天却没有太阳。雨云低悬，一团团的雾气在水面上盘旋，依旧完整保持着夜晚那种神秘的气息。不过天愈来愈亮，没过多久，一阵微风从东方吹来，空气焕然一新。基再次拿起手中的小望远镜——就在这一次，他看见了美国国旗，在灰暗的天空下，山丘上美国国旗依然飘扬。"

当基看见那面星条旗时，他突发灵感，于是就从口袋中掏出一封信，在背面写下了一首小诗。巴尔的摩的一家报社发表了这首诗，并提议将这首诗配上英国饮酒歌《致天堂里的阿那克里翁》的旋律。这首诗在各家报纸上转载，大受欢迎，但基没能活到可以亲眼看见全美国 50 个州的篮球场都演唱自己的作品。他于1843年去世，而《星条旗永不落》在近一个世纪之后，也就是1931年3月3日，才正式成为美国国歌。由于《星条旗永不落》不好演唱，军国主义色彩太重，而且搭配的是一首流行歌的旋律，许多人反对将它作为美国国歌。另外，这是一首含有特定反讽意味的歌，一首反英国的歌却配上英国流行歌的旋律，至少美国的爱国歌曲《我的国家属于你》并没有配上英国歌曲的旋律。

美国历史把1812年的战争记录成第二次独立战争。这场战争证明，美国是一股不可小觑的力量，而不只是一块被遗弃的殖民地。美国对这场胜利的洋洋自得多少因为大部分英国学生从未听过1812年战争，1814年这场战争结束时，他们更关心的是当时比利时滑铁卢所发生的事情。

受这场战争影响较大的是加拿大。终止这场战争的《根特条约》并没有说明美国最初开战的理由，不过这份条约明确地划分了美国和加拿大领土之间的边界。由于英国让美国人不容易取得拨赠的土地，并且鼓励英国人移居，致使美国人不再大规模迁移加拿大。1812年战争之后，许多先前对自己的国籍有矛盾情结（认为自己既不是美国人又不是加拿大人）的移民不得不做出选择，因此对美国入侵者的愤怒使得许多人极想当加拿大人。美国和加拿大之间并没有发生另一场战争，所有人中，受影响最深的是美国土著人，这一点我们将在下文中看到。

30 特库姆塞——大雾中牺牲的印第安英雄

　　在美国印第安人和欧裔美国人中，提到特库姆塞，人们都肃然起敬，特库姆塞的出生地位于今天俄亥俄州的斯普林菲尔德附近。1774 年，他的父亲死于白人之手，母亲与一部分族人搬到密苏里州，此后特库姆塞便由他的姐姐抚养成人。长大后的特库姆塞成了一位统一印第安部落的人物，他说服土著各部落停止征战，把焦点对准他们共同的敌人——一心想夺取印第安人土地的白人移民。根据记载，他是一位口才流利，具有领袖魅力的演说家，白人把他比作年轻的亨利·克莱。斯卡尔在其 1899 年的著作中这样描述："伟大的战士特库姆塞是克里克族和肖尼族的混血儿，是梦想着解放印第安的人士之一。他流利的口才和坚韧不拔的勇气督促着他的族人勇往前进，他巧妙地以新结盟的方式统一了印第安部落。"

　　特库姆塞死于 1812 年战争中的一场小战役，当天大雾弥漫，战士们分不清敌我，至今无人知道谁该为那致命的一击负责。特库姆塞的死改变了美国印第安人历史的轨迹，因为再也没有可以取代其地位的领袖出现。特库姆塞去世后，印第安人和欧裔美国人之间的战争仍旧持续不断，但是欧裔美国人永远不会再把美国印第安人视为一大威胁。情况的确如此，1815 年以前，"美国人"一词通常是用来指美国印第安人，那场战争之后，"美国人"一词指的却是欧裔美国人。

　　"这样重大的历史结果却源自一场无意义的战役，确实是荒谬可笑，"历史学家埃里克·德施密德写道，"但是历史的车轮往往就是这样前行……始料未及的大雾决定了北美森林及大草原上战士们的命运。"

　　最初，欧洲移民开始在新英格兰定居的时候，他们与当地的印第安人相安无事。一开始，移民并不多，而且他们比较有兴趣的是买卖毛皮，而不是夺取大片土地。当然，随着越来越多的船只从英格兰及荷兰来到北美，这一切都改变了。长达200年的时间，渴望土地的移民和许多保卫土地的印第安人打了许多场血腥的战役，这与欧洲王国为争夺领地而彼此征战的传统很相似。

当欧洲人来到新英格兰时，他们将印第安部落的领袖称为国王。例如，欧洲人称万帕诺亚格印第安人的米塔科姆为"菲利普国王"。但是，大部分美国印第安部落的情况和欧洲的王国不一样，印第安人的社会要比当时的欧洲国家民主很多。事实上，北美印第安人部落的易洛魁人联盟据说对移民政府的形成影响很大——美国国玺上老鹰爪子抓住箭的图案就与该联盟的标志很相似。君主制度是欧洲人知道的唯一一种政府形式，他们把这套制度照搬在遇见的所有人身上。这一点表现在欧洲人想购买土地时，以为整个交易很容易，他们向一位"国王"购买一块不动产，以为这位国王有权代表整个部落出售土地。这引起不小的混乱，例如荷兰人在购买曼哈顿时，就花了很多时间，荷兰人付给卡纳西族价值24美元的廉价首饰来交换曼哈顿。唯一的问题是：卡纳西族原本住在布鲁克林，当荷兰人开始像自己拥有那块土地似的搬进曼哈顿时，居住在曼哈顿的韦夸斯基克族人十分困惑，于是这两个部族就这样持续地打了好几年的仗。

菲利普国王和特库姆塞一样，试图与新英格兰的印第安部落建立合作防卫联盟。但是，在计划拟定前，3万名帕诺亚格族人就被处决了，于是战争便自然爆发。印第安人突袭了马萨诸塞州殖民地，欧洲移民则以残酷的袭击方式报复印第安村落，紧接着发生的"菲利普国王之战"，是美国历史上最血腥的战争之一。在这场战争中，大约有3000名印第安人和600名欧洲移民被杀。虽然这样的数字听起来不算太多，但是如果以人口比例而言，伤亡人数却是所有美国战争中最大的。

在前一两个世纪，印第安人和欧洲移民间不断交战，与印第安人战争所耗的军事费用占去华盛顿联邦预算的80%。18世纪，欧洲列强为了争夺美洲大陆的控制权而征战，当地的各个部落分别与不同的欧洲国家联合。七年战争，又名法印战争，当地部落彼此之间纷争不断。

1791年，特库姆塞居住在凯斯蒂佩坎南克（Keth-tip-pe-can-nunk），对定居的白人而言，这个名字太长了，他们把这里叫作蒂珀卡努（Tippecanoe）。这个地方是白人与帕塔瓦米族印第安人之间的贸易枢纽。不可避免地，有些欧裔美国人开始认为有太多的印第安人生活在印第安纳州和密歇根州境内，同时他们也注意到，印第安人似乎喜欢聚集在这座贸易枢纽附近。为了驱散印第安人，他们就夷平了蒂珀卡努，显然，这一举动激怒了被人称为"先知"的特库姆塞及其兄弟唐斯卡塔瓦。这两兄弟决定召集援军，以抵挡白人的威胁，唐斯卡塔瓦在家里召集族人，特库姆塞则游遍各地，以说服各部落的人们，取回土地和自由的唯一方式就是形成强大的联盟。

到了 1811 年，特库姆塞激发了不同地方印第安部落的热情，如佛罗里达境内的塞米诺族和魁北克的易洛魁族。特库姆塞也激怒了白人，不过是以另一种不同的方式。印第安人联合起义对美国来说是最大的噩梦，美国虽然有能力一次镇压一个印第安部落，但是所有印第安部落联合起来，军队则难以应付。印第安纳领地的新任总督威廉·哈利·哈里森将军非常了解特库姆塞，哈里森曾在 1794 年 8 月 20 日俄亥俄州托莱多附近的鹿寨战役中，担任安东尼·韦恩少将的副官，而当时的肖尼族战士中就有特库姆塞。那天的战役中，韦恩少将的美国军团获胜，在准备进攻蒂珀卡努时，哈里森坚信他会再次战胜印第安人。

哈里森招募了一支 1000 名配备步枪的义勇军，于 1811 年 11 月 6 日突然进攻蒂珀卡努，并在当地扎营。特库姆塞试图警告唐斯卡塔瓦不要公开和美国军队交战，但是唐斯卡塔瓦坚信花言巧语和鼓舞人心的力量，他告诉手下，步枪子弹是永远伤害不了勇士的。隔天早上，印第安人突然发动进攻，令美军大吃一惊：哈里森的军队中有 62 人被杀。那天，虽然肖尼族战胜，但是一些勇士亲身体会到步枪子弹的威力，"先知"的话是不正确的，他们深感受骗，于是扬言要杀唐斯卡塔瓦。当这些印第安人离开蒂珀卡努去打另一场仗时，哈里森的手下烧毁了蒂珀卡努城并宣布获胜。哈里森在他的总统竞选活动中，被誉为蒂珀卡努的英雄。"蒂珀卡努和泰勒！"（泰勒是哈里森当时竞选的副总统搭档）是他的总统竞选标语，蒂珀卡努的成果包括徽章、手帕，甚至剃须霜。

蒂珀卡努战役丝毫没有减轻特库姆塞对美国联邦的厌恶，1812 年战争爆发时，他和他的勇士联军加入英军的阵营。虽然 1812 年战争表面上是为航运权而战，但是其中一个潜在的原因，却是英国政策支持西北边区的印第安人起义反抗加拿大英国领地内的美国殖民区。如果这场战争真的是因航运权而起，那么在因航海封锁而经济受害最深的新英格兰境内支持者应该最多，可是，1812年战争在那很不受欢迎，新英格兰的义勇军往往拒绝越界打仗。这表示，麦迪逊总统必须把重点从加拿大的蒙特利尔转移到印第安纳-密歇根州领地，因为这里的移民对1812年战争比较热衷。

在泰晤士河战役（加拿大人称之为"摩拉维亚镇战役"）中，美国将军威廉·赫尔（也是当时的密歇根州总督）和亨利·普罗克特上校领导的英军，与特库姆塞及其副手齐佩瓦族的奥萨瓦纳领导的印第安军团交战。印第安军团由500名肖尼族、渥太华族、特拉华族、怀安多特族、基卡普族、温尼贝戈族、帕塔瓦米族和克里克族的代表组成。英印联合军队有1000人，但是美军人数却是他们的3倍多。

战场就在今天加拿大安大略省的泰晤士维尔附近。在泰晤士河右边，有片湿地与河平行，绵延约3.2千米，两区之间的带状地区则是沼泽地。这块狭长地带削弱了哈里森在人数上的优势，特库姆塞的手下在沼泽边的树林后等待，准备伏击路过的美军。1813年10月4日，是加拿大典型的秋天，当时气温骤降到0℃以下，冰霜覆盖了整个树林和大地。不过，沼泽森林区的水温还是保持不变，太阳升起时，沼泽表面热起来的速度比周围的空气快。温暖的水蒸气升起，地面上就形成了云雾，虽然大部分的战场视线清晰，但是遮掩住印第安人的这片沼泽区却笼罩在灰蒙蒙的雾气中，特库姆塞的手下几乎看不见美军步枪何在。

一支隐秘的500人美国骑兵队就这样长驱直入，穿过特库姆塞预先埋伏的地点，刚好从右方绕过英军阵线。这样，他们可以转个弯，从左翼攻击英军。英军被切断，不到10分钟就投降了。

埋伏等待的印第安人即使看不见交战画面，也听得见交战的声音，他们迅速朝着喧嚣声处冲去，几乎和那支美国骑兵队撞个正着。看见印第安人到来，美国骑兵非常惊讶，就如同看见美军到来的英军一样惊讶，他们跳下马来，与印第安人直接交手。即使如此，有些刺刀还是刺进了友军的肚子里。薄雾中，会突然出现一双双手臂，握着轻便的斧头，死命挥砍着朦胧不清却又会置人于死地的敌人。

在雾气中，几位勇士看见特库姆塞头部受伤、鲜血直流，仍旧继续奋战，并大声喊叫，激励手下的战士。没有人看见是谁发射了子弹并击中特库姆塞的胸膛。有人将他的尸体抬离战场，埋在一个白人无法亵渎的秘密之地。伟大战士特库姆塞的生命和他建立大规模印第安联盟的梦想，就这样结束了。如果他成功了，今天也许会有个独立的印第安纳州或国家。

这场战役最后造成了 33 名印第安人死亡，477 名英军被俘，而美军仅仅损失 15 人。这场战役之后，印第安人对与英国结盟已经失去信心，也不愿意前去协助英军了。英国打输了这场战争，并在战后签订的条约里，同意放弃与印第安部落的结盟关系。印第安人后来又持续与美国政府交战了许多年，但在美国政府看来，印第安人再也不是他们的重大威胁。现在大家称为"美国人"的欧裔美国人，从此自由地向西部扩展。

31 滑铁卢的大雨

　　大战的前一天突降大雨，整个滑铁卢田野变成一片泥沼，拿破仑的作战主力火炮队在泥沼中挣扎，迟迟进入不了阵地，所以进攻炮打晚了。失败由此成为定局。如果没有那场大雨，进攻炮提早打响，大战在普鲁士人围上来之前就结束，历史会不会是另一种写法？

　　如果 1815 年 6 月 17 日晚上没有下雨，欧洲的历史将被重写。……几滴雨征服了拿破仑。因为滑铁卢是奥斯德立兹战役的最后篇章，上帝只需要让一片云在时机不对的时候越过天空，就可以毁灭这个世界。

——《悲惨世界》（雨果）

　　今天，如果你参观滑铁卢战役的遗址，就会看到拿破仑画像、拿破仑纪念品等与拿破仑有关的东西。人们可以谅解你忘了这场战役的胜利者是威灵顿公爵，因为他的名字相对拿破仑来说，实在逊色多了。滑铁卢并不是造就威灵顿公爵的战役，而是毁了法国皇帝的战役。

　　这场战役的失败可以用许多理由来解释，其中之一就是天气。1815 年 6 月 17 日晚上的那场雨使地面松软，这意味着法军必须将上午就该开始的战斗延后到十一点半左右，这让普鲁士军队有时间加入到战斗中。

　　1814 年初，拿破仑被迫退位并被流放到意大利西岸的厄尔巴岛。显然法国参议院将过去 50 年来视为一次失败的实验，他们让波旁王朝复辟，路易十六的兄弟成为法国国王。问题是，法国人民已经不再像革命前那样迷恋于拥有国王。那些仍旧效忠于拿破仑的人写信给拿破仑，希望他回来，于是在 1815 年 3 月 20 日，拿破仑回来了，并开始著名的"百日政权"。

　　尽管拿破仑的归来在巴黎受到群众的欢迎，但是在欧洲其他地方并不见得受到欢迎。詹姆士·麦金托什爵士概括了英国人的看法，他说："还有什么语言的力量可以形容这个恶魔？战争已经在欧洲肆虐了二十多年，从西班牙的加的斯湾到莫斯科，从意大利的那不勒斯港到哥本哈根，到处都是血腥和荒芜。战争浪费了人类宝贵的资产，毁坏了社会进步的工具……我们的努力白费了，欧洲的血也白流了。"

所有的欧洲强国联合起来组成盟军对抗这个威胁：大不列颠、普鲁士、奥地利及俄国开始计划进攻法国。拿破仑清醒地认识到战争即将来临，不到一个月的时间，拿破仑就已经准备好一支 12.5 万名法国子弟兵的军队。与此同时，在比利时，盟军组成了两支军队。普鲁士有 11.6 万人，由布吕歇尔元帅指挥；威灵顿公爵则指挥一支混合军队，由英国人、比利时人、荷兰人及日耳曼人组成，人数大约有 9.3 万人。奥地利人与俄国人将在 7 月加入盟军，然后一支由 60 万人组成的军队将向法国挺进。

拿破仑根本不会坐以待毙，他带着军队来到滑铁卢。两支普鲁士军队驻扎在理格尼村附近，威灵顿的军队则驻扎在理格尼村以北 12 千米处的奎特巴斯附近。为了避免普鲁士两军会合，拿破仑兵分两路，以分别对付普鲁士军队。左翼指挥官马歇尔·内伊攻击奎特巴斯，拿破仑则带领着其余部队进攻理格尼。由于启程晚，白天只剩下 6 个小时可以战斗，当他们开始进攻时，一场大雷雨突然来袭，使得步枪没有用武之地，于是法军以刺刀展开攻击。不久，血掺和着雨水渗入比利时的土壤。这场战斗中，普鲁士损失了 1.6 万人，而且被迫撤退。虽然法军在这一天取得了胜利，但是损失也非常惨重，约有 1.1 万名法军阵亡。

随着普鲁士军队撤离战场，拿破仑将目标瞄准了荷英军队。但是大雨持续下了一整夜，直到 17 日早晨才停止。"大片如墨水般黑的雷雨云，云层边缘轮廓清晰分明，缓缓降下，仿佛大雨随时会倾盆而下。云层就悬挂在我们的头顶上，将我们的所在位置及其周围的一切都笼罩在阴暗中。"英国中尉军官霍普在信中如此写道。

拿破仑决定推迟到中午再对威灵顿发动进攻，他希望到时候地面会变干。在拿破仑等待合适天气的同时，威灵顿获悉普鲁士军队兵败的消息。如果在他收到这则情报之前，战斗就展开的话，威灵顿可能会被迫与法军全面交战，并等待那永远不会前来支援的军队。结果，由于提前获取这则消息，他决定撤退到更佳的地理位置。当拿破仑得知威灵顿撤退的消息，他别无选择，只能追赶，在追赶时，雨又开始下了。由于战场一片泥泞，士兵们必须挤到一条石路上，以至于行军速度变得非常缓慢，这样法军根本无法赶上威灵顿。拿破仑和他的部队只好在滂沱大雨的泥泞中扎营。

第二天上午 7 点左右，天色终于转晴。拿破仑希望立即展开战斗，但是他的指挥官德鲁奥特将军建议他再等待几个小时，以便让地面变硬。因为泥泞不仅阻碍骑兵前进，而且炮弹也会因为沾到泥巴而失效，因此士兵们不得不再一次坐着等待。战斗终于在午餐的时候展开，法军完全击溃了敌人，但是下午 4 点左右，普鲁士军队抵达并加入战斗。一样受到恶劣天气的影响，拿破仑先前派去寻找普鲁士军队并阻止他们与其他联军会合的部队被湿透的地面给拖延了。普鲁士军队的抵达改变了战局，拿破仑最终战败。大约有 2.5 万名法军在当天的战斗中阵亡，8000 名被俘。威灵顿公爵损失了 1.5 万人，普鲁士人损失了 7000 人。4 天后，拿破仑最后一次退位，因此"遭遇滑铁卢"这句话在法语及英语中被用来形容人们的惨败。

滑铁卢标志着法国世界超强地位的结束。法国是 18 世纪西方世界中人口最稠密的国家，它支配着国际文化，输出的民主与革命思想在美国确实生了根。法语曾经是国际外交语言，逐渐地，法国开始衰落，并被另一个擅长创新的国家及其语言所替代，于是英语便开始成为主流。滑铁卢战役也标志着法英之间历史上最后一次公开的交战，在后来的大型战争中，英国人和法国人都是盟友。

32 天！这里真冷呀

——克里米亚战争

克里米亚战争结束时，估计有 100 万军民死亡。回想 1856 年，全球总人口大约只有今天的六分之一，以当时的人口比例来看，就可以知道 100 万这个数字是多么的惊人。很少有战争像克里米亚战争那样徒劳且无意义地牺牲人命。正式参与这场战争的有俄国人、土耳其人、法国人、英国人及意大利人，但是，还有另一股力量——天气，它造成了大部分人的死亡。

这场为期两年的战争始于年轻的沙皇尼古拉斯一世企图扩张俄国版图。尼古拉斯在位期间，波斯、高加索及远东的部分地区都纳入了俄国的版图，当奥斯曼帝国开始崩溃时，尼古拉斯就盯上了土耳其。1852 年，俄国入侵摩尔达维亚（位于现在的罗马尼亚、摩尔多瓦共和国及乌克兰之间）和瓦拉几亚（位于现在的罗马尼亚南部），当时这两个国家都处在土耳其的统治下。英国和法国害怕俄国会继续在中东取得据点并统治该地区。

当这些欧洲列强准备攻击俄国的形势渐渐明朗后，俄国人从土耳其撤退，但是沙皇示意，俄国必须占领君士坦丁堡（土耳其西北部城市伊斯坦布尔），以保护奥斯曼帝国境内的东正教。因此，英国和法国于 1854 年 1 月对俄宣战，"宣战是一回事，"历史学家理查德·卡文迪什写道，"在什么地方打仗又是另外一回事。"

法国和英国的军队最后驻扎在克里米亚半岛，这是一块从现今乌克兰延伸至黑海的半岛。1783 年被俄国强占的克里米亚半岛，是俄国海军的一处重要基地。最初进攻的盟军由 2.7 万名英军、2.5 万名法军及 8000 名土耳其军人组成。虽然战争在俄国境内，而且俄军的数量也大大超过盟军的数量，但是由于俄国领土范围很大，使得俄军分散在各地。俄军的主力驻扎在芬兰湾一带，保护通往首都圣彼得堡的通道。那个时代，在俄国运输永远是个挑战，当时只有一条小路通往圣彼得堡，这条路向南延伸至莫斯科，从莫斯科到克里米亚这段路程必须搭乘缓慢的两轮或四轮马车。因此，俄国在克里米亚的分遣队只有5万～6万人。第一场主要战役发生在1854年9月20日，是进攻的盟军获胜。

接下来的一场主要战役是巴拉克拉瓦战役，那是一场特别没有意义的战役，阿尔佛雷德·坦尼森勋爵将这场战役描述为不朽，记录在他的诗作《英烈传》中，这首诗一开始是"伤亡过半，伤亡过半，半支队伍向前猛冲，一齐杀进死亡谷……"，诉说着勇敢的士兵进入"死亡谷"的英雄事迹。

盟军一方，这场战役是由卡迪根伯爵七世率领的。在《今天的历史》中，卡文迪什这样描述卡迪根伯爵七世："卡迪根无疑是被宠坏了。英俊、性急，留着大胡子，在他的生命中，当兵、打猎和女人是三大爱好。"卡迪根富裕且虚荣，他把自己的一部分财富花费在给士兵们购买全新的套装上。这些颇受好评的制服，搭配上深红色的紧身裤，还有一件正面纽扣由上扣到下的羊毛夹克（这是卡迪根毛衣的由来），这些装扮为这支军团赢得了"樱桃游民"的绰号。卡迪根经常与自己的军官战斗，甚至在战斗中负伤。1854年，他被任命为轻骑兵指挥官的时候，就如索尔·大卫在《卡迪根伯爵的一生》中所描述的那样："他是英格兰最不受欢迎的人。"

在巴拉克拉瓦战役中，由于一道被误解的命令，卡迪根派了676名轻骑兵前往进攻俄国的一座炮台，这座炮台位于三面受敌的山谷一端。虽然卡迪根质疑来自拉格伦勋爵的命令含糊不清，但是当命令重述时，他还是遵循命令并带领手下的人马执行这项明显送死的任务。等到任务结束时，卡迪根的人马只有195人生还。

尽管这场战役损失惨重，然而由于卡迪根在阿尔佛雷德·坦尼森的诗篇中占了不小的篇幅，因此卡迪根还是被传诵为英雄。更为有趣的是，相较于后来公之于世的作品，根据这首名诗的一份原稿显示，作者有点批判派出六百多名骑兵去送死的抉择。虽然有人要求坦尼森毁掉原稿，但还是有两份复本被留下。作为诗人的坦尼森，很可能被他的朋友维多利亚女王说服，因此他的诗写得比较爱国。

俄国人在战场上也有他们自己的诗人。当时列夫·托尔斯泰不仅身在前线，而且在这场战争期间，他首次有了宗教上的觉醒。退伍后，托尔斯泰根据亲身体验，写下了《塞瓦斯托波尔纪事》。坦尼森颂扬战争英雄主义，托尔斯泰则在他的记述中揭穿战争勇气的浪漫思想。

而在战场上，由于双方损失惨重，于是天气成了焦点。受到巴拉克拉瓦胜利的鼓舞，俄军最高指挥官米契柯夫亲王计划在11月5日发动首次主要进攻。由于上个季节天气的缘故，俄国的道路状况使得前来支援的军队到来的速度变慢：新部队一直拖到11月4日才赶到战场。拉格伦勋爵知道俄国援军正在集结，但是没有料到援军在极短的时间内就发动进攻。事实上，俄军展开进攻的速度相当快，以至于从圣彼得堡带来的唯一一份有关该地区可靠的地图是在那场战役后才送达的。

俄军是由丹能伯格将军手下的巴甫洛夫将军和索伊莫诺夫将军所指挥的两支部队组成的，他们计划进攻一处盟军称为因克曼山而俄国人称为哥萨克山的地区。由于盟军部队只有3000人，因此这里的防守力量最弱，俄军人数大约为4万。

当然，在一般状况下，要调动4万人马及武器而不被对方注意到是不太可能的。然而就在这一天，突然起了一阵浓密的大雾，俄国军队才能在英国密切注视却不明白是怎么回事的情况下，悄悄地朝因克曼山前进。当天晚上，一位巡视官眺望山谷说："今晚显得异常宁静"。

在英国人看来，当时就只是一阵雾而已，但是突然间倾盆大雨，然后俄军就出现在他们面前。然而原先帮助俄军的雾又变成了他们的敌人，因为双方人马都只能看见周围几米的范围，所以都不可能以整齐的阵列进攻，而是一场一对一的刺刀肉搏战。大雾使得英军不明白自己的人数远不及对方，也不知道有多少战友倒下，因此士气依旧高昂，一直战斗到援军抵达。这场战役最后是俄国人输了，不过确切地讲，双方都是输家，英军伤亡2600人，法军伤亡1700人，而俄军伤亡了11500人。

几个星期之后，真正的战争开始了——在恶劣的天气下，俄国人展开了全面进攻。俄国人很自信地认为他们的秘密武器一定会来增援，果然没有令他们失望，1854年11月14日，一场暴风雨突然来袭。在给纽卡斯尔公爵的信中，拉格伦勋爵将这场暴风雨描述成"我所见过最猛烈的暴风雨，伴随着打雷闪电、暴雨、冰雹以及当天稍后的大雪，而它所造成的损害非常可怕。"

英军的帐篷被吹掉了，包括口粮、毯子、椅子及衣物。地面变成了沼泽地，使得士兵们无法点燃营火。救护站的帐篷被风吹掉了，留下伤兵躺在冰冷的水坑中，接下来的冻雨和大雪更埋葬了几位伤兵。由于暴露在外，几个人当夜就死亡了。法军指挥官踏入冰冷的泥泞中和部下待在一起以提高法军的士气。带有阶级意识的拉格伦勋爵则和他的幕僚待在一间温暖而舒适的农舍里，当然不清楚这场暴风雨对部队造成的伤亡。

英军一共损失了11艘船舰，包括"奖赏"号，这艘船舰载运所有需要的补给物品，尤其是食物、医疗用品和冬季衣物。法军一共损失了16艘船舰，其中包括舰队引以为豪的"亨利四世"号，这艘船舰遭到重创并沉没，"亨利四世"号船舰的损失是对法军精神上的一次沉重打击。虽然俄国船舰也遭受重创，但是大部分俄国船舰都停泊在远离这场暴风雨中心的地方，因此损失没有那么大。有趣的是，这场暴风雨抬起了一艘俄国船只，这艘船只原本是俄军故意沉没，以堵住塞瓦斯托波尔港的入口，由于暴风雨它浮出了水面。

当尼古拉斯一世得知暴风雨的结果后，他写信给米契柯夫亲王："感谢那场暴风雨，它帮了我们一个大忙，真希望暴风雨再来一次。"

没有补给品，英军及其盟军对冬天又毫无准备。虽然克里米亚的冬天在俄国境内算是最温和的，但是也绝不是热带天堂，而且仿佛是命中注定，1854—1855年的冬天是欧洲有记录的最寒冷的冬天。重要的补给被延误了6周，英军用俄国死亡士兵的制服和死马的皮革来遮风避雨。冬天仍然持续着，他们挖出死者，取出埋葬时包裹尸体的毯子。有些人的鞋子裂了，因为赤脚走在雪中，不久脚便冻伤了。有文献记载，为了使嘴巴能够张开，有人用火给胡子解冻。破烂的制服让人很难分辨出是军官还是士兵，以及不同的部队编制。骑兵部队的马也处于饥饿状态，由于没有绿草可吃，马匹病恹恹的，基本无法运载骑兵，它们四处闲逛，想要吃毯子和帐篷的帆布。等到马儿倒地死亡，士兵们就将它们拿来充饥。在这里唯一变胖的动物是秃鹰。

"只有最耐寒的体质才能够忍受这样的天气，"高地旅的斯特林上校写道，"其他人不是死亡就是濒临死亡的边缘，我听到有人跪着哭喊疼痛。"

战场上有人因受冻或因感染了腐尸传播的疾病而死亡，拉格伦勋爵却在他温暖的农舍里舒适地卷起袖子，用从破船船体取来的剩余木头烧材取暖。拉格伦设法得到正常的食物供应，食物是由一位法国厨师为他准备的。到了1月21

日，英军中只能找到 290 名健康的士兵配置到一条 1600 米长的壕沟线上。到了 2 月，曾让英国陆军骄傲的禁卫军，人数从 3000 人减至 400 人。

虽然这些天气事件造成了克里米亚战争大量的人员伤亡，但是还不足以让俄军获胜。1 月，意大利的撒丁王国加入战争，并派出了 1 万名士兵。9 月，法军在马拉霍夫取得重大胜利，马拉霍夫是俄军防御上的重要据点。最后，在 1855 年 9 月 11 日，俄军撤离了塞瓦斯托波尔港。

尼古拉斯一世于 1855 年 3 月 2 日去世，亚历山大二世成为沙皇，他立即开始谈判，试图结束可怕的战争。当然，这些谈判是很花时间的，过了将近一年，才终于使双方达成统一。"我们不是那种将克里米亚远征视为错误的人，"英国《经济学人》杂志的一篇社论写道，"但是，事实就是这样，我们必须承认，它不幸地变成了错误……我们损失了两万人，却没有得到足够的土地来为他们建造两万座坟墓。"

最后，在这场战争中，60% 的牺牲者死于疾病。寒冷、云和霍乱是战争中的胜利者，因此被称为"世界上最古怪且最不必要的战争"。

"回顾克里米亚战争，或许学到的最基本教训是，"历史学家罗伯特·埃杰顿写道，"国家往往容易很盲目地投入毫无目的且不可能胜利的战争。"

这场战争确实有一个正面的结果，那就是它是用科学方法预测天气的里程碑。拿破仑三世在遭受悲惨的暴风雨损失之后，要求天文学家兼数学家勒威耶拟订方案，以避免未来再次遭受此类大灾难。经过大规模调查后，勒威耶断定，暴风雨是风围绕着某低气压核心所造成的环流，并沿着一条稳定且可预测的路线移动。他建立了一套气象站网络，并定期地与巴黎天文台联络，并发布最早的天气预报图及暴风雨警报。

33 美国"泥泞行军"事件

安布罗斯·埃弗雷特·伯恩赛德将军深受人们的爱戴，而且从某种意义上来说也算是个创新者。他脸庞两侧的络腮胡原本称"伯恩赛德式连鬓胡子（burnsides）"也就是今天英语中"连鬓胡子（sideburns）"一词的由来，"伯恩赛德帽"也是以他的名字命名的。不过，谈到伯恩赛德参与的美国国内战争，他的名字可是和泥泞牵扯在一起的。在声名狼藉的"泥泞行军"事件中，伯恩赛德是领导者，这次大败结束了伯恩赛德的指挥官生涯。

1862年底，美国东部的北方联邦军队士气低落，乔治·麦克莱伦将军企图占领南方联盟首府弗吉尼亚州里士满市的行动于6月失败。两个月后，南方联盟将军"石墙"杰克逊在布尔溪（位于弗吉尼亚东北部的一条小溪）的第二场战役中击溃北方联邦军。安提塔姆（马里兰州中北部的一条小河）战役最后胜负不分，但是北方联邦军损失惨重。迫于国会的压力，林肯总统撤换了麦克莱伦，由伯恩赛德负责。

伯恩赛德的第一次会战是一次彻底的灾难。伯恩赛德的策略是让军队往南移，越过美国弗吉尼亚州东北部的拉帕汉诺克河，攻占弗雷德里克斯堡，然后由此开始，以12万大军直接攻打里士满。这位北方联邦军将领于11月的第三个星期到达拉帕汉诺克河北岸，由于他的浮桥列车还没有到达，因此没办法架设浮桥。当架设浮桥的工程师到达该地并开始造桥时，南方联盟军的罗伯特·李将军一点也不感到讶异，南方联盟军士兵近距离射击造桥工人，同时李将军聚集了7.8万的军力在弗雷德里克斯堡后方的高地。有趣的是，在这7.8万人中，包括伯恩赛德将军的两位堂兄弟，一位是南卡罗来纳州第三营的伯恩赛德中尉，另一位是佐治亚州第四十四步兵团的阿狄森·伯恩赛德。

当北方联邦军终于渡过河后，便遭遇了来自南方联盟军更猛烈的枪炮射击。此时的南方联盟军躲在石墙后方的凹陷处，石墙包围住一片泥泞的田野，北方联邦军就像在射击场上的靶子一样一个一个被击倒，但是伯恩赛德却不断命令手下进入那片田野。北方联邦军士兵开始就像用木材堆路障一样，把死去兄弟的尸体堆积起来。虽然各种历史记录不一，但估计北方联邦军死亡人数增加到 8000～12000 人时，伯恩赛德于 12 月 14 日，也就是当暴风雨来临时，才不情愿地下令撤退。弗雷德里克斯堡的泥浆固然是撤退的一个因素，但还是无法与伯恩赛德第二次试图渡河所面临的状况相比。

这一次，伯恩赛德要朝下游行进，试图包围李将军强大的军队。预定的进攻日期是 1963 年 1 月 20 日，到了那一天，虽然天气非常适合进攻，但是有关南方联盟军在河南岸位置的情报却迟了 24 小时才到。他们根本不知道远在西南方的一个低气压中心正准备给北方联邦军带来一场可怕的暴风雨。就在 1 月 20 日正午，天空乌云密布，气温开始下降，风也转了向，而且越吹越猛。大约到晚上 9 点，雨一滴接着一滴地落了下来，随后变成倾盆大雨。

"如果那场暴风雨小一些，或是移动的速度快一些，或者路径偏北或偏南，这样降雨可能会量小一些、时间短一点或者完全不降雨。"《与恶劣的天气作战》一书作者哈罗德·温特斯写道，"但是伯恩赛德和他的计划非常不幸，这场暴风雨非常大，而且此时此刻正直接分布在弗吉尼亚州东南部的上方。"

整个晚上一直下着雨，到早晨时，弗吉尼亚州的土壤变成了厚厚的一层泥浆。就像某位军官所说的，是一片和了水的带红色的黏土，而且愈变愈软。

"仿佛那水，在经过第一层泥土后，渗入了某种没有任何硬度的泥土，"特里奥布里安上校写道，"一旦土壤表面的硬壳软化了，一切就都埋进了烂泥里。我亲眼看到，其中埋掉了好几头骡子。"

虽然如此，7.5 万名士气低落的士兵还在肮脏的泥泞中启程前行，他们的行军速度非常慢，以至于还没有走到 4.8 千米时便停了下来，在雨中扎营。第二天，他们大部分的时间都是在等炮兵中度过的，同时创作了如下的文字：

"此刻我躺下来睡眠／睡在几英寸深的泥泞里／若你醒来时我已不在／请用牡蛎耙把挖我出来。"

敌军也有充裕的时间观看北方联邦军一步步往前推进，徒劳地试图拉起倒地且淹没在湿软路上的马匹。南方联盟军开始嘲弄北方联邦军，有些人甚至竖起标语，上头写着："这条路通往里士满，然后陷在泥泞里。"这一切都有点过分了，根据一项文献记载，格里芬师团的第一兵团士兵开始一口接一口喝着配给的威士忌，喝的量比平时规定的量多。他们和来自缅因州的一个师团起了冲突，而缅因州打赢了。

伯恩赛德命令手下用圆木建造道路，试图重新振作起来，但是显然，这项命令帮不上什么忙。星期六当天，脏兮兮的北方联邦军退回到原来的营地。最讽刺的是，当北方联邦军尴尬撤退时，天空晴朗，太阳出来了！在这之后，再也没有人尝试在弗吉尼亚州进行冬季大会战。

伯恩赛德经过这场中途挫败的战役后，向林肯总统递交了辞呈，总统接受了他的辞呈。林肯总统换上约瑟夫·胡克，胡克的军事威名替他赢得了"好战的乔"的绰号，他的军队在业余活动中替英语增加了"hooker"（妓女）这样的说法。

请不要太替伯恩赛德将军难过。要知道，伯恩赛德将军本人在战后仍然过得很好，他后来成为罗得岛州州长，并从 1875 年开始担任美国参议员，直到 1881 年去世。

美国内战夺走了60万美国人的性命，这个数字比美国其他任何武装冲突所丧生的人数还多。和许多战争一样，大部分的灾难是发生在战场以外的地方，比如饥饿和疾病所带来的死亡。再也没有哪个地方比战俘营更能反映战争的残酷，在这里，死亡的人数占内战死亡人数的10％。

最臭名昭著的美国内战战俘营是佐治亚州安德森维尔村附近的桑特战俘营。这个占地6.7万平方米的战俘营可容纳9000名战俘，1863年之所以选址在这里，是因为这里偏居一隅，但食物来源丰富。桑特战俘营坐落在两座山坡之间，一条名为斯托卡德的小河从中间流过，供应囚犯的用水。

营区由一道5米高的栅栏围绕着，栅栏内是另一道名为"死线"（deadline）的界线（现代"死线"这个名词就出自这里）。南北战争快结束时，随着囚犯的增加以及周边栅栏所用的铁丝不足，当局插上标识并在栅栏和囚犯之间画一条线，任何人一旦跨过这条线，格杀勿论。最后，不可以跨越死亡线的概念变成了新闻用语，表示最终期限。

亨利·沃兹上尉负责管理这个战俘营。1823年沃兹出生在苏黎世，1849年他来到美国并定居在美国南部的路易斯安那州。南北战争爆发时，他入伍当兵，在里士满的一场战役中右手臂负伤，而且长期疼痛，无法继续作战，于是他被派往欧洲执行外交任务，回国后就被派到桑特战俘营工作。沃兹虽然是虔诚的罗马天主教徒，但是以举止粗鲁和说脏话而出名。

桑特战俘营刚开张时，颇适合战俘居住。但是1864年4月沃兹接管的时候，正值南北战争中北方联邦军发动最大规模进攻行动的前夕，战俘营有限的设备已经无法满足需求了，死亡人数开始攀升。营区爆满的原因之一是战俘交换计划中断：南方联盟军拒绝交换他们所抓到的黑人士兵。

同时，南方联盟军的食物来源变少，战俘营内外的情况都是如此。尽管饥饿对双方来说都是一大问题，但是对南方联盟军的打击却特别大，因为战争切断了南方联盟军的供应线并毁坏了南方的经济。这种处境是对食物准备及存储技术（因为这些被视为女人的工作）的忽视所造成的。因此，当食物送到军营时，往往不是腐败了，便是长满了虫，或老鼠到处爬。就算食物没有在运送途中腐烂，也经常被不善烹饪的士兵糟蹋了，这些士兵试图生火煮食，却总是把饭菜烧焦。

然而比起留给战俘的残渣，士兵的饭菜算得上是美食家的盛宴了。在战俘营内，老鼠变成了佳肴，根据内战时的日记记载，如果这些是真实的话，老鼠吃起来的味道就像松鼠。如果一只走失的动物笨到越过死线，它就会变成点心。

夏季，战争到了最高潮，桑特战俘营将3万多人赶进了只为9000人设计的空间里。作为战俘营唯一水源的斯托卡德河，因为栅栏的桩基而淤积泛滥了，并将营区的一部分变成了水乡泽国。要到河边，囚犯必须艰难地穿过深及腰部的泥沼。等他们终于抵达河边时，却发现一片发出恶臭的污水坑——上游厨房流下来的油污、洗衣房的废水和人们的粪便把河水都污染了。喝这种水的人很可能死于痢疾和腹泻，桑特战俘营大约60%的人死于喝这种受污染的水。战俘试图自行挖掘水井，但是这些水井也被过度拥挤的营区所产生的排泄物污染。

7月，开放了额外的4万平方米土地，但是新战俘以每天500～1000人的规模被送进战俘营，空间很快就不够用了。现在的战俘人数大约有3.2万人，即人均占地0.2平方米。8月的时候，安德森维尔村的气温平均为34℃，死亡人数达到了每天100人。

囚犯们开始祷告，请求上帝施舍干净的水。8月9日那天，上帝果真回应了，天空突然电闪雷鸣，倾盆大雨，造成了斯托卡德河河水汹涌泛滥，冲走了营区许多恶臭的排泄物。而且有几道闪电打在牢房附近，包括栅栏内的一棵松树树桩，在被闪电烧焦的树桩根部，清新的泉水冒了出来。这个泉水很有可能是原本在营区兴建期间被盖住的一处泉水，暴风雨使之暴露出来，这处泉水后来被称为"神泉"。

但是，唯一的问题是：这个活命的泉水是位于死亡线的范围之外。战俘们急中生智，将杯子绑在竹竿上，以这样的方式取得饮用水。他们也尝试挖掘小沟渠，并利用树苗引导水越过死亡线。终于，营区军官挖出了一条沟渠，将水引进来。实际上，由于够不着这处新泉水，反而挽救了许多人的生命，因为这么一来，战俘们就不会在监狱里盥洗，也就不会污染新泉水。

但是，这救命的暴风雨不足以清除桑特的污迹。战争结束时，大约 1.3 万人死在这座战俘营中，使得这里成为南北战争中最致命的监狱，而沃兹上尉成了争议性人物。沃兹成为美国内战结束后唯一因战争罪而被处死的人，而且在美国北方，普遍认为他是个残酷的人，他不但攻击饥饿的战俘，还让他的卫兵将面包撒在营区周围戏弄战俘，然后射杀那些胆敢越过死亡线拿面包的人。但是在美国南方，则把沃兹视为一个有同情心的人，他尽可能运用所能得到的资源把事情做到最好，他是为残酷的监狱生活担负骂名的替罪羊。现代历史学家倾向于同意对沃兹的审判是歪曲正义的观点，认为沃兹是整个南北战争罪恶的替死鬼。佐治亚州"南方联盟女子联合会"为沃兹树立了一座纪念碑，碑文中说："沃兹是误导民众喧嚣的最后牺牲者……而且'被'判了可耻的死罪。"

营区遗迹现在已经是战俘纪念馆，并成为知名的"安德森国家古迹"。人们把这里叫作"国家公园系统中最具争议的遗址"。

35 《呐喊》——画中的人为何呐喊

一个受到惊吓、如幽灵般的人物，在一片晕眩火红的天空下伫立并尖叫着。爱德华·蒙克的画作《呐喊》是他最具代表性的作品之一，它与达·芬奇《蒙娜丽莎的微笑》及米开朗琪罗的《大卫像》是广告中最常模仿的艺术作品。画中的景象是完全源自创作者的梦魇呢，还是那片使人印象深刻的天空本就是一种真实的天气现象？

根据蒙克的日记，事情是这样发生的：夕阳西下，他和两位朋友外出散步。

"突然间，天空变成了血红色。我停下来，感觉非常累，于是就靠在栏杆上，眺望着蓝黑色海湾和城镇上方火红的云朵。我的朋友们继续往前走，而我仍站在原地，因害怕而颤抖——我感觉到一声巨大且无尽的尖叫穿越天空。"

来自美国得克萨斯州州立大学的两位研究人员相信，他们完全了解是什么原因造成那样无尽的尖叫——那是一场火山爆发，它几乎摧毁了一整座岛屿，夺去了约 3 万人的生命，并改变了全世界的气候。

显然，1969 年拍摄影片《火山情焰》(*Krakatoa，East of Java*) 的人并没有查阅过地图。喀拉喀托火山是在爪哇岛西边，位于爪哇岛和苏门答腊岛之间的巽他海峡中。这座火山名称的起源至今仍是个谜，但有一种传说是这样的：一位外国船长询问一名当地船夫那座岛屿怎么称呼，船夫回答 "Kaga Tau"，这是马来语的 "我不知道"（显然意思是 "我不关心它"）。

这座岛屿是印度洋板块与亚洲板块碰撞导致的火山活动而形成的，而且形成时间早于 19 世纪的那场火山大爆发。岛屿本身有 804.67 米高，以 3 座休眠近 300 年的休眠火山峰为特征。1883 年，该岛属于荷属东印度群岛的一部分，当时荷兰殖民者已经喜欢上了亚洲的香料，而爪哇与苏门答腊则有肉豆蔻、丁香和胡椒等香料资源。荷兰人利用从香料赚来的钱，开辟了街道、运河，以及肯考迪娅俱乐部等高雅的娱乐场所。

1883 年 8 月，当喀拉喀托山脉开始隆隆作响时，爪哇的居民并不在意。那是一个愉快的夏天，马戏团来到城里，家家户户在海滩上享受时光，只有马戏团的一只大象似乎感觉到了什么，并试图逃跑——它在饭店的房间里狂怒，驯兽师感到非常奇怪。

8 月 26 日，星期天，喀拉喀托变得不容忽视了。烟云喷向空中，遮蔽了太阳，灼热的火山灰如雨般落下。先是 3 次规模越来越大的爆发，然后出现了一次大爆发：喀拉喀托火山以相当于 1 万颗广岛原子弹的威力爆发了，巨大的声响在 4600 千米外都可以听到。这次大爆发引发的海啸夺走了爪哇与苏门答腊岛上将近 3.7 万人的性命，160 座村庄被水冲走，甚至远及南非、印度、日本和澳洲，都可以感觉到高高的巨浪。一艘荷兰战船被巨浪抬起，搁置在 4.02 千米高的内陆山坡上，并在那里停留了好几年。火山尘与火山灰不仅覆盖了该地区，并进入到大气中，改变了气候——全球气温突然下降，而且几年内仍然没有回归到正常的温度。

火山爆发甚至可能会产生新形状的云。1883 年，德国气象学者首次发现了夜间发光云，也就是位于大气较上层的小片云。学者们相信，喀拉喀托火山将火山灰尘散播到大气层中，形成了这种新结构的云。但也并非所有科学家都这么认为，因为夜光云至今还存在，而火山灰尘早就消散了。

平流层的火山尘与火山灰因日光的干扰，在远及北欧和美国的地方创造出戏剧性的夕阳。纽约州波基普西市的一支消防队甚至冲出来灭火，因为他们以为发生了火灾，结果却发现是如火一般燃烧的夕阳景象。

喀拉喀托的夕阳呈现蓝、紫、粉红、青铜或棕色，有时候出现围绕太阳的彩色环，鲜艳的色彩激起了艺术家和诗人的灵感，其中包括蒙克。英国艺术家威廉·阿什克罗夫特创作了彩色的天空水彩画，美国哈德逊河派风景画家弗雷德里克·埃德温·丘奇也创作了这样的作品，而英国诗人阿尔弗雷德·罗德·丁尼生在写《圣忒勒玛科斯》(*St. Telemachus*) 的时候，可能正好想到喀拉喀托火山爆发："某火红山峰的猛烈灰烬 / 被喷得很高是否漫延全球？一天又一天，透过许多血红的眼睛／愤怒的日落怒视着……"

1883 年 11 月下旬，喀拉喀托火山效应延伸到挪威的天空，并持续到 1884 年 2 月中旬。蒙克这幅最有名的作品——《呐喊》创作于 1893 年，作为"生命的饰带"作品集的一部分，其画出的疾病、焦虑及精神错乱等主题是根据创作者的经历，包括他死去姐姐的经历而创作的。当时作品颇具争议，有时候被评论家带上"猥亵"的烙印。

我们最熟悉的《呐喊》是 4 幅画中的一幅。最早的素描是不同的角度——最有可能的是蒙克实际见到那次日落景象的地点。在挪威首都奥斯陆一条名为"瓦哈尔维恩"的路上有一座历史标志，就是纪念这个时刻的。

当美国得克萨斯州州立大学的研究人员来到奥斯陆时，他们发现这个标志位于一条马路上的一处马蹄弯，而这条马路在 19 世纪的时候并不存在。进一步做了调查，他们认为实际的地点应该是在目前称为莫斯伊维恩的一条路上，因为当地峡湾的景色更符合原始的素描。在 19 世纪的照片中，那段路就像《呐喊》画作中一样，旁边有栏杆。当研究人员到那个地点时，可以看出当时蒙克是朝西南方看去——这个方位恰好是喀拉喀托日落景象可能出现的方位。

有人认为，喀拉喀托日落或许是另一场暴风雨所产生的类似效应，可能是圣地朝拜者所幻想的景象。1917 年，有 3 名牧童宣称他们在葡萄牙法蒂玛的一处原野看见了圣母玛利亚显灵，于是到此朝圣的信徒络绎不绝。在 3 个孩子宣扬他们目睹的现象之后，有 7 万名群众看见了环绕太阳的蓝、银、黄和白色光辉。

"类似的彩色太阳，有时候在沙尘暴之后可以见到，很可能法蒂玛的群众目睹了从撒哈拉沙漠吹过来的沙尘云，"伦敦《泰晤士报》的气象报告员保罗·西蒙写道，"但是为何此类现象会正好出现在这么一大群人眼前，实在是神学上而非气象学上的问题。"

36 那阵风摧毁了兰利的 "第一架飞机"

　　谁是第一位驾驶着比空气还重的飞行器飞行的航空界先驱呢？要不是那场暴风雨和来得不是时候的一阵风，这个答案可能会是塞缪尔·P.兰利。

　　20世纪初期，兰利是美国最主要的飞行员。他是华盛顿史密森尼博物院的秘书，同时撰写了机械飞行理论的相关书籍。在这之前，兰利先后服务于哈佛大学、埃伦格尼天文台和美国海官军校。他的朋友中，有不少是国家最重要的人物，他也是朋友中的佼佼者（兰利空军基地——美国目前仍在使用的最古老的空军基地，就是根据兰利的名字命名的，以表示对他的敬意）。

　　由于兰利的人脉和声望，这位准飞行员才能够从作战部的军械及防御工事委员会取得实验资金。官员们相信，军方可以利用"飞机"来观察军队的动静。美西战争爆发后，他们给了兰利5万美元，用来"开发、制造及测试能载人的飞行机器"。

　　那时候，兰利已经制造了几件以蒸汽及后来以汽油为动力的操作模型，每件模型都产生有关表面提升及拖拉的宝贵信息。最后他设计出了一件以汽油为动力、具有4片翅膀的机器，据说像一只大蜻蜓。不过对他来说，最大的问题是引擎的重量，当时的汽油引擎实在是重到无法离开地面，所以兰利用快热锅炉蒸汽系统来设计他的轻引擎。1896年，他测试了一台无人驾驶的模型并且飞行了914米，同年，一台经过修改的模型飞行了1280米，但这与实现能载人的机器还有一段距离。兰利承诺开发载人飞行的进度落后了一年半，他花光了政府给他的资金，不过史密森尼博物院这时候给了他完成计划所需要的23000美元。

　　最后，在1903年7月，兰利相信他已经克服了技术上的问题，他将"完美的"机器拖到波托马克河（美国东部重要河流，流经首都华盛顿）河畔发动。这架"飞机"无法靠自己的动力升空，必须从河中的驳船上弹射出去。由于一场来得不是时候的暴风雨，"飞机"当天无法升空，没能写下历史的一页。等雨过天晴，"飞机"的机翼已经扭曲变形到无法飞行的程度。兰利把"飞机"拖回工作室，花了 3 个月时间修理。

1903 年 12 月 8 日，兰利再度试图成为展示比空气重的操纵飞行器的第一人。为了目睹这个历史上的重大事件，新闻界、军方观察人员和国会议员在河边排起长长的队伍。机器被放置在平底船上，拉进波托马克河，并让它正面迎风。4 点 45 分，一位名叫查尔斯·曼雷的飞行员示意组员拔除控制钉，以便通过以弹簧驱动的弹射器将飞机抛向风中。但是就在拉出控制钉的那一瞬间，一阵强风把平台吹歪了，"飞机"的后翼坍塌，并俯冲进水中，导致惊险的一幕。

"飞机"变成了笑柄，而兰利因为制造了"飞机"被大众嘲笑。例如，《纽约时报》写道："我们希望，作为一名科学家，兰利教授不要再浪费时间和金钱继续从事包括飞船实验的更为危险的事物了。生命苦短，他能够为人类所作出的服务远超过试图飞行所能期待的结果……对于兰利同类的学生和研究者而言，还有其他更有意义的事情值得去做。"

可能因为这个原因，9 天后，没有记者出席观看莱特兄弟成功地飞出世界第一架飞机——"飞行者"号。事实上，只有一家报纸《弗吉尼亚人导报》隔天为莱特兄弟做了新闻报道，莱特兄弟的故事是通过目击者的描述拼凑出来的。

风和弹射器是否要承担兰利失败的全部责任，至今仍是个争议性的话题。1906 年兰利去世后没多久，他的继任者在史密森尼博物院发起一项活动，赞扬恩师在载人飞行上的贡献。史密森尼博物院允许格伦·柯蒂斯（美国航空事业的先驱）复原并试飞原来的那架"飞机"。柯蒂斯是一个对什么都感兴趣的科学家——当时他正被莱特公司控告专利侵权，而他可能认为，证明兰利先飞上天可支持他的合法主张。因此，柯蒂斯进行了一些修改，确保"飞机"可以起飞。他认为他只是换掉坏掉的部分，不过其他人都认为它们经过了大幅修改。无论如何，柯蒂斯放弃了平底船式的发射轨道，换上了浮桥，然后这台机器飞起来了。因为史密森尼博物院努力淡化莱特的功绩，因此 1903 年的那架"飞行者"号遭到史密森尼博物院和美国的漠视。如今，"飞行者"号陈列在伦敦的科学博物馆。

37　厄尔尼诺现象与破灭的南极梦

　　想象一下：艰苦跋涉，头也不回，不畏冻伤与精疲力竭，发誓要成为第一批到达南极的人，结果到达后却发现早有旗子竖立在那儿，还有一封恭喜你成为第二名的贺信。这是罗伯特·斯科特与其探险队的命运。更糟的是，他们不只输掉了南极竞赛，还在回程中丢了性命。

　　这支倒霉的探险队的领队人——斯科特队长，在史书中被描述成一位准备不周、经验不足的人，由于无能及计划不周，他为自己召来了死神。不过，现代的气象学者却把这次失败归咎于天气。

　　美国国家海洋大气总署的科学家苏珊·所罗门博士，分析了南极观测站 17 年珍贵的气象资料，并将之与斯科特探险队队员日记中的信息进行比较。发现斯科特在回程时运气不好，当时正值一段反常的寒冷期，气温比历年的平均气温低了 6.6℃～6.7℃。

　　在 20 世纪初，征服南极洲这块处女地的竞赛，跟 20 世纪 60 年代美国与苏联之间的太空竞赛一样紧张。日本、德国、瑞典和比利时都将目光瞄准南极，不过争夺首先踏上极地的竞争主要在英国和挪威之间。斯科特队长在这个领域的竞争对手是欧内斯特·沙克尔顿，沙克尔顿在 1909 年 1 月 9 日到达距离目标 161 千米的范围内；还有罗尔德·阿蒙森——挪威著名的探险家之一，他已经顺利通过西北航道，并且成为第一批在南极圈以南过冬的人士之一。

　　1910 年，当斯科特收到挪威对手的一份电报时，他正在为南极之行募集资金，电报内容如下："诚恳地通知您，南极（探险）正在进行中，阿蒙森。"如果英国人要想在南极探险中打败挪威人，就必须做好周密的计划。斯科特很快组织了一支 24 人的队伍，19 匹小马、33 只狗，还有新式工具——机动雪橇。

　　挪威人除了起步稍微领先之外，还具有一些天生胜过英国人的优点，那就是他们来自极地国家。据说，阿蒙森小时候，甚至在挪威最寒冷的夜晚都开着窗户睡觉。"斯科特的队伍当中，有 5 个人有 6 年的滑雪经验，然而阿蒙森的团队却是一辈子都在滑雪。"历史学家罗兰·汉福特如此告诉英国国家广播公司。

1911 年 1 月，英国和挪威的队伍双双抵达南极大陆并扎营。斯科特的队伍计划循着沙克尔顿走过的路线向极地推进，阿蒙森则秘密计划另一条更佳的路线。

这并不表示挪威营地里的一切都在欢乐中进行。在他们第一次试图朝极地前进时，遇到了零下 40℃ 的低温，因此被迫折返营地。这造成其中一人——著名探险家西奥马尔·约翰森的叛变。阿蒙森开除了队伍中的 3 人，并于 10 月 20 日以 5 人的队伍（包括他自己）再次出发，其他队员包括滑雪冠军奥斯卡·威斯丁、奥欧拉卡·比亚兰，以及两位驾狗专家西亚马·约翰森及斯维尔·哈索。后来当阿蒙森的队伍成员成为国家英雄时，约翰森反叛的新闻终结了他自己的事业，最后自杀身亡。

1911 年 11 月 1 日，斯科特队长开始他的南进行程。尽管出发晚，斯科特希望通过使用机动雪橇来弥补差距。不幸的是，他们在寒冷中操作不当，抛弃了机动雪橇。接下来，小马开始死亡，这使得探险队的进度更为缓慢。当狗开始不对劲时，斯科特下令大家返回营地。

最后一支后援队伍在距离目标 240 千米处返回营区。由于不明原因，原本只有 4 个人准备完成最后一段旅程，但是斯科特决定带着亨利·包尔斯一起走。不过补给品是根据 4 个人计算的，补给品可以拨出来给额外的人，但是如此一来就不容许有失误的余地。

1912 年 1 月 17 日，斯科特和他饥饿疲惫的队伍终于到达了极点，却发现极点上插着挪威国旗。挪威人已经在 1911 年 12 月 15 日踏上了那块土地，当时的气温较此时温暖 8℃，且他们早已打道回府，回途时气温相对温和，每日最低温大约在零下 15℃。

"我的天啊！"斯科特在日记中写道，"这里是个可怕的地方，对我们而言，更可怕的是，付出了辛苦却不能得到名次上的奖赏。"

更糟的是，沮丧的英国探险队即将遭受厄尔尼诺现象的攻击。这样的天气系统影响着南极的天气，造成气温降到零下 40℃，比平均气温低大约 8℃。他们离开极点途中的气温比待在极点本身还冷（约零下 20℃），在探险队的整个归途中，气温一直异常的低。在过去 15 年所测量的南极气温中，只有一年的气温可以和斯科特探险队所经历的相比。

气温下降不仅影响探险者的人体舒适度，在如此的低温下，还导致滑道滑行的水膜无法形成，结果就像在沙砾上拉雪橇一样。探险队希望能够顺利扬帆回家，在雪橇上张帆，利用风力前行。不幸的是，当气温下降时，风停止了。这些精疲力竭且冻伤的人一天只能走 8 ~ 13 千米，而不是他们原先计划的一天 24 ~ 32 千米。

"在这种地面上，我们知道我们的行走速度不及原先计划的一半，而且正因为这样，我们付出了近两倍的体力。"斯科特写道。

第一个倒下去的是埃文斯士官，他死于 2 月 17 日。一个月后，奥茨上尉牺牲了自己，因为他知道自己逐渐成为队友们的负担。因冻伤而跛脚的奥茨，走出帐篷时跟大家说："我只是到外面走走，可能要花一点时间。"

"我们知道奥茨是去寻死。"斯科特在他的日记中写道，"那是一名英国绅士的行为。"

剩下的 3 人挣扎着又前行了 16 千米。他们成功到达了"第三级"补给站的 17 千米范围内，补给站里有他们来时留下的食物及燃料贮藏。他们可能再也走不下去了，他们的营区遭遇了持续一周多的大风雪侵袭，队员们逐渐挨饿，饱受坏血病、低温症和衰竭之苦。他们无法在大风雪的状况下往前走，只能待在帐篷中等待无法避免的死亡。

"我们的遇难绝对是因为突如其来的严酷天气，这一点似乎是令人不太满意的原因。"斯科特写道，"我们会忍耐到最后，不过我们越来越虚弱了，当然，死亡不会太远了。似乎有点可惜，但是我想我没办法再写下去了。"这是他的最后一篇日记。1912 年 11 月 12 日，有人在帐篷中发现了这本日记，以及这些探险家冰冻的尸体。

38 舒适牌剃须刀的发明源于低温

需要是发明之母,而有时候,天气是需要之母。想象一下,1910年的某个时刻,你置身于阿拉斯加的荒地。当时还不算一个州的阿拉斯加,成为美国的领地才刚满40年。它是酷寒的边区,一片荒野,住在这里的只有探矿人士、军人、毛皮贸易商和传教士。

你已经在冰冻的地面上扎营,但是你那简陋的小屋几乎没法保护你免受呼啸寒风的吹袭和零下40℃的寒意。你在脸盆里注满了水,把安全刮胡刀投入冷冰冰的水里。你凝视着镜子,预测几乎冰冻的刀片即将刺痛你的脸庞,于是脸部不由得抽搐起来。

这正是雅各布·希克中校自己在阿拉斯加某个早晨的处境。希克来自气候温和许多的爱荷华州奥塔姆瓦,曾在菲律宾服役。他在当地水土不服,某次罹患了严重的痢疾后,一位军医建议他,为了健康应调往更远的北方。

军方完全照字面采纳了这则建议,不久,希克已身在阿拉斯加,在1600千米的阿拉斯加内地,协助安排军事电信线路。这时候的阿拉斯加正逢加拿大育空地区淘金热,超过10万人在这块冷漠的土地上寻找自己的财富,但是最后存活下来的却不到3万人。希克显然相当适应当地严酷的环境,于是当他退伍时,便决定亲自去探探金矿。

他没找到任何黄金,不过却想出了和黄金一样的好点子。在那样死寂的冬天探矿,希克扭伤了脚踝,休养期间,他被迫留在营地附近。冰冷风寒的营地正是测试生存技能的最佳场所,希克杀了一只麋鹿来吃,从一条冰封的溪流中舀水,在炉火上煮食。没什么胡子的人也可能会长出大把胡须,希克仍维持着他在温暖地区的装扮习惯,每次刮胡刀刺痛他的肌肤,就越激发他发明更完美的刮胡刀的想法。

顺便提一下,刮胡子是一种古老的传统,个人形象专家表示,刮胡子可以追溯到旧石器时代。在至少有7000年历史的考古地点,就曾挖掘出刮胡子的工具。史前的洞窟壁画就有胡子刮得干干净净的男人。亚历山大大帝就没有留胡子，为了好看，也为了安全（如果你打算敲掉别人的脑袋，胡子就会变成一大把柄）。

公元前的那些刮胡刀和厨房的菜刀没什么两样。1927 年，《古风》杂志的编辑把直线型刮胡刀称为"致命的武器，英勇世代的男人习惯用它将开阔而无保护的面容保持得光鲜亮丽，显得彬彬有礼。"换言之，在你的颈静脉附近熟练地操作开放型刀片可能会导致严重的后果。

尽管如此，英勇和爱美的男士，却都愿意冒这个风险，而且几世纪以来，胡子的有无在不同文化中呈现各种不同的意义。例如，在罗马，有钱人是胡子刮得干干净净的，而奴隶和一般民众则留胡子。英语"barbarian"（野蛮人）一词，事实上意指"留胡子的人"，脸蛋光溜溜的罗马人就是用这种方式称呼那些留胡子的外来入侵者的。在土耳其则刚好相反，奴隶被迫刮胡子，而有钱人则留着满脸的胡子。

1903 年，当金·坎普·吉列发明了一次性刮胡刀时，刮胡子的舒适度向前跃进了一大步。吉列是瓶盖公司的业务员，他那位曾经发明过软木塞型瓶盖的老板，建议吉列像他一样发明某样东西，这种东西最好"用完一次就丢掉，客户才会不断回来购买更多同类产品。"

吉列在早晨照镜子刮胡子的时候找到了灵感。吉列尝试过 700 种不同的刀片和 51 种刮胡刀，才找到自己的样品标准。他的刮胡刀不贵，男人无须经过什么技艺训练就可以自行刮胡子，而且最棒的是：这种刮胡刀用旧了没法磨得锋利。才两年时间，吉列就卖掉了 25 万支刮胡刀和 10 万副刀片组，吉列的发明改变了美国男人刮胡子的方式。

尽管如此，吉列的一次性刮胡刀还是有缺点。这种"安全"刮胡刀不见得永远那么安全，若要更换用钝的刀片，就必须将刮胡刀拆开，这个动作往往会割伤指头和手部。另外还需要水，这正是刮胡刀无法在阿拉斯加存在的原因。

所以我们必须回头谈希克。在休养期间的希克，有许多时间来考虑怎样安全地刮掉胡须。他草拟了一份蓝图，画出不需要肥皂泡沫和水的刮胡装置。他的灵感来自重复使用的步枪，所以他把自己的设计命名为"刀片匣重复型刮胡刀"。他把设计图送到几家制造厂，所有厂商都回绝了他。

希克在事业上的野心因为第一次世界大战爆发而受阻。他重返军旅生涯，以上尉的身份在英格兰服役，最后在 1919 年以中校的身份退伍。不过他仍旧相信，干式刮胡刀是他最伟大的成就。他和妻子弗洛伦斯把房子拿去抵押，使得他们生产刮胡刀的梦想得以实现。

希克的电动刮胡刀主要问题在于：没有完美的马达。他的马达不够有力，而且不够小、不够实用。但在 1928 年终于有所突破，1929 年完美的干式刮胡刀上市了。这把刮胡刀被吹捧为"20 世纪最伟大的机械发明之一"，《科利尔杂志》写道："今天美国所采用的刮胡法，明显标志着在文明上迈进了一大步。"而这一切都是阿拉斯加冬天的超低温造就的。

1916 年 6 月 5 日，霍雷肖·赫伯特·基钦纳勋爵溺死在奥克尼群岛外海。基钦纳——苏丹首都喀土穆的英雄，是英国家喻户晓的知名人物。第一次世界大战期间担任战争大臣的基钦纳，从 1914 年起把军队从 20 个师团扩编到 1916 年的 70 个师团。号召从军变成了他特有的形象，也象征着英国要打胜仗的决心。他那留着八字胡的严肃面孔，在征募新兵的海报上指出："你的国家需要你!"

当时的英国人，永远不会忘记听到基钦纳的死讯时，自己身在何处。整个国家突然陷入一种集体悲恸的状态，那样的情绪就像 1997 年因戴安娜王妃的死讯引发的那种悲痛。这么一个人怎么会突然去世，人们难以置信，各种"阴谋论"纷飞。有些人拒绝接受基钦纳已经死亡的事实，反倒认为这些故事是编出来愚弄德国人的。其实事实的真相很简单，基钦纳是错误判断恶劣天气的牺牲品。

野心勃勃的基钦纳，军旅生涯始于英国皇家工兵部队。1886 年，他被任命为英国红海领地的总督，最后成为埃及军团的总司令。1898 年，他在乌姆杜尔曼（苏丹中部城市）战役中摧毁了苏丹分离主义的势力，占领了喀土穆市，这次胜利让他声名鹊起。之后，他先后担任过苏丹总督、布尔战争的总司令、印度总司令，1911 年 9 月则担任埃及的殖民地总督。他待在埃及，直到 1914 年战争在欧洲爆发，他被任命为战争大臣。其实当年只有他认为，那会是一场持久战，于是他迅速征募并训练新兵，人们称之为基钦纳军团。该军团出发打仗时，在他们的《现役军人手册》中会有一封来自基钦纳的信：

> 身为英王士兵的你，奉命派往海外，帮助法国盟友抵抗共同敌人的入侵。你必须执行一项需要勇气、精力、耐力的任务。记住，英军的荣耀取决于你的个人行为。你的职责不仅是模范地遵守纪律及在战火中保持

镇定，还要在这次奋战中与你所协助的对象维持最友好的关系。你所从事的工作绝大部分会发生在一个友善的国家里，而你可以为自己的国家尽到的最大义务莫过于在法国和比利时展现出英国军人的本色，务必谦恭、体谅、友善。永远别做可能伤害或毁坏军队声誉的事情，随时把抢劫当作可耻的行为。你一定会遇到欢迎及信任你的人，你的行为必定会证明你无愧于那样的欢迎和信任。为了完成这项光荣的使命，你必须保重身体，要不断提防任何过度的行为。在这种新的体验过程中，你可能会遇到来自美酒与女人的诱惑。你必须完全抵抗这两种诱惑，而且在以完美的谦恭有礼的态度对待所有女性时，必须避免任何亲密的行为。

民众崇拜他，内阁成员却对基钦纳不喜欢团队合作的作风颇有微词。1915年，他因为军队炮弹短缺而深受指责，并因此被剥夺了该项权力，同年，他又失去了战略控制权。他提出辞职，但是英国政府害怕接受他的辞呈会影响仍旧崇拜他的民众的士气。

气象学家兼作家亚历山大·麦克阿迪在1925年写道："他出现在下议院的某个委员会，发表了一篇明确而简洁的声明，对他在担任战争大臣期间所取得的战绩进行了说明，要嘲弄他的人还得好好祈祷。那些本想逼他让位的人——那些政治野心家、永远不会消失的批评家，未能如愿，只能违心地说着恭维的话。"

从这场政治斗争中重生，疲惫而沮丧的基钦纳于1916年6月5日启程前往俄国。基钦纳是应沙皇尼古拉的私人邀请前往俄国的，目的是说服沙皇在大战中支援盟军。一阵强烈的东北风吹过海面，狂风大作，海军上将召集参谋人员讨论基钦纳所乘船舰"汉普郡"号的最佳航线。"汉普郡"号是一艘装甲巡洋舰，准备运送基钦纳绕过挪威北部海角，进入俄国的阿尔汉格尔港。讨论的结果是先走西向航道，然后朝北行，以奥克尼作为庇护，以避开最恶劣的天气袭击。这艘舰从未经过这一航道，不过商船已经在该航道上来往了好几个月，都平安无事。他们并不知道，德国潜艇 U-75 几天前刚刚在该通道上埋下一枚水雷。

他们启航不久，风暴中心就经过了航道，而且转成了西北风，强烈的西北风掀起危险的巨浪。最佳的做法应该是等暴风雨离开，而不是设法逃脱暴风雨，不过这并不是他们的选择。

几个小时后，两艘护航"汉普郡"号的鱼雷驱逐舰正面遭遇强风，由于无法保持速度，只好返航，"汉普郡"号则继续前进。海浪非常高，高到扫雷作业无法执行。晚上 7 点 40 分，在离柏塞岛的布拉夫 2.4 千米远的地方，蒸汽锅炉撞上了水雷。旁观者看见基钦纳和他的副官奥斯瓦德·菲茨杰拉德在船头下沉时站在舰桥上，然后船就沉了。晚上 8 点钟，"汉普郡"号已经沉到了海底，只有 12 名船员幸免于难。

战争大臣竟然会在肩负这么一项使命的途中，在离海军基地斯卡帕湾 3.2 千米远的地方溺亡，实在令人难以置信。一位陆军志愿军在 101 岁时接受《周日电讯报》的访问，他仍旧记得当年自己听到这位战争大臣死讯时的反应。"噢！天哪！"他说，"基钦纳死了，接下来会发生什么事呢？他是推动这个国家的动力。我们以为，我们可能会在最后输掉这场战争。"

有些人，像新闻记者弗兰克·鲍，就扮演了另外一种角色。鲍真正的名字叫亚瑟·维提斯·弗里曼，他是一位失败的制片人，当他的电影事业彻底失败后，便开始从事新闻故事报道的工作。根据他的报道，基钦纳并未真正登上那艘巡洋舰，有人代替基钦纳登船。真正的基钦纳还活着，人好好的在挪威。随着时间的流逝，基钦纳从来没有发表过任何意见，鲍的读者愈来愈怀疑，但是对于有关他们心中英雄的报道，还是一样着迷。所以，故事又变了，鲍解释道，基钦纳被海军中的内奸杀害，埋葬在挪威一座没有墓碑的墓穴，而鲍即将前往挪威，找回他的遗体。

鲍似乎非常有希望得到来自英国部队的支援。1926 年，他们要求调查基钦纳的死因，于是鲍带着一位摄影师坐船到了挪威，去搜寻基钦纳的遗体。那位摄影师拍摄了一具覆盖着旗子的棺木被送入小礼拜堂的过程。眼眶含泪的哀悼者排成队，向这位体现了英国希望与梦想的基钦纳致上最后的敬意，警方出动了所有警力，以维持治安。

有一件事情鲍没有考虑到：如果一个人要埋葬在英国，必须经过验尸官检验，并开具死亡证明。法医伯纳德·斯皮尔伯利开了棺，但是无须专家也可以认定，躺在棺木里的并不是基钦纳。棺木里摆满了大量的沥青，足以冒充一个男性的体重。怀抱阴谋论的鲍，声称英国政府盗走了基钦纳的尸体，但是没有人买账。

这一次，警方调查了鲍。警方发现，鲍的故事有一部分是真实的，他发现了基钦纳勋爵的棺材——它早就做好以备基钦纳遗体被发现时之需，但是这具棺材空空地在停尸间里摆放了 10 年，直到鲍以 12 英镑买下这具棺材。鲍从来没去过挪威，他把整个过程运作成一出精心制作的电影和公关活动，拍成影片《基钦纳的棺木》，影片在英国禁播，但是鲍并未因为这项欺骗行为而遭到起诉。不过，故事没有就此结束，一位叫作彼得·盖兹的男士以民事诉讼指控这位制片人，他说鲍剽窃了他这个骗局的构想，一位法官否决了盖兹的诉讼案。

基钦纳英年早逝，但他死后，加拿大安大略省有一座城市将名字由"柏林"改为"基钦纳"（正逢第一次世界大战期间），你可以在格兰德河河谷找到基钦纳市。今天，因为基钦纳市与邻近的滑铁卢市关系密切，此区被统称为"基钦纳滑铁卢"。

基钦纳的死永远改变了历史的进程吗？可能没有，但是与基钦纳同时代的人的确这么认为。麦克阿迪表达了当时大众的心境：

> 所有人都承认，基钦纳是欧洲有可能将犹豫不决、优柔寡断的俄国统治者稳固在特定目标上的人。在迈克尔大公的热心支持下，必要的改革可能已经达成，即将革命的不祥声浪可能也会平息掉。他可能会替这个危难的国家带来备受尊重的权威（而别人可能无法做到这一点）、廉正、各派力量都认可的公正无私。如果那个风暴中心提早几小时通过奥克尼，他们可能会选择东向航道；如果那阵西北风的风力弱一些，救援行动可能会成功。但是这些"可能"都未曾发生。俄国的命运，也许也是欧洲本身的命运，都取决于斯卡帕湾那个 6 月下午的天气预报。

40 雨云终结了飞艇时代

在众人热衷于太空竞赛的今天，很少有人会提到一项早期的科技竞争——飞艇竞赛。20世纪二三十年代，飞艇就是前卫的运输工具。与飞机不同，飞艇很安静，燃料成本较低，而且客舱内部宽敞豪华。德国和苏联都参与了飞艇竞赛，致力于生产最大、最令人赞叹的飞艇，以展现本国的超级技术。然而在1937年5月6日，飞艇时代突然终结了，当时"兴登堡号"在美国新泽西州莱克赫斯特镇着陆时突然起火燃烧。多年来，"兴登堡号"一直被认为是毁于氢气爆炸。后来越来越多的研究则提出，"兴登堡号"是普通雨云的牺牲品。

飞艇时代始于1900年7月2日，比第一架飞机起飞早了3年。那一天，退休的德国陆军准将斐迪南·冯·齐柏林伯爵，驾着第一艘硬式飞艇飞行了18分钟。1910年，这艘硬式的"德国号"成为第一艘商业飞艇，而且从1910年到第一次世界大战开始之前，德国飞艇飞行了172498千米，载运了超过3.4万名乘客，没有人伤亡。

齐柏林和他的赞助人花了不少时间才使德国军方相信飞艇有很大的军事用途，等德国军方真正理解后，他们就开始全面采用。当英国、法国、意大利及美国的军队在第一次世界大战期间还在使用软式小型飞艇时，德国人就建造了一支令全世界称羡的军用飞艇舰队。《世界大战史》的作者弗兰克·H.西蒙在1917年的著作中热情洋溢地这样描述飞艇：

"已经证明飞机无力挫败齐柏林，"他写道，"自诩敏锐的英国当局后悔10年前没有建造一支齐柏林舰队……它们让德国从一开始便取得庞大的优势……作为炸弹投掷器，齐柏林飞艇比飞机更成功。它的观测仪器不仅更精巧、更精确，而且操作容易且舒适。"

齐柏林舰队在轰炸英国城市上的成功表现，使许多英国人称它们是"婴儿杀手"。飞艇被视为如此大的威胁，因此《凡尔赛条约》禁止德国制造飞艇。在这段短暂的空隙，其他国家匆忙着手飞艇项目，英国人利用一艘俘获的齐柏林飞艇作为模型，自行制造了两艘飞艇，其中之一后来成为往返飞越大西洋的第一架航空器。

限制德国制造飞艇几乎快毁了齐柏林公司。在一艘英国为美国海军建造的飞艇坠毁之后，齐柏林公司当时的老板雨果·埃克纳才有办法说服美国放松禁令，并让飞艇大师们尝试为美国建造最好的漂浮飞艇，他们称这艘飞艇为"洛杉矶号"。

"洛杉矶号"的成功开启了横跨大西洋之旅的新时代。"洛杉矶号"之后是有名的"齐柏林伯爵号"——这艘飞艇成了豪华前卫之旅的象征。"齐柏林伯爵号"完成了首次横跨大西洋的载客飞行以及1929年8月的首次环球飞行，当"齐柏林伯爵号"在这趟旅程中经过苏联上空时，造成了相当大的轰动。苏联立即着手进行自己的飞艇计划，从1933年1月开始，苏联政府提出了一项五年计划，目标是建立一支有50艘飞艇的舰队。

1934年11月5日，苏联飞艇舰队的骄傲——V6，开始了它的处女航，以作为"十月革命"周年纪念的庆祝项目之一。它应该是一艘载客飞艇，但是却有个意想不到的小障碍：没有足够大的机棚可以容纳它。正如飞艇曾经是德国人的骄傲一样，飞艇也同样变成了苏联人骄傲的象征，V6飞过苏联的城市上空，庆祝共青团成立20周年。

当时德国强势的纳粹党，也充分利用了飞艇的视觉效果。"齐柏林伯爵"号带着安定翼上的纳粹党徽飞越德国，投下吹捧纳粹意识形态的宣传单。

然而，齐柏林公司正准备将它最辉煌的成就——最大的人造飞行物——优雅的"兴登堡号"公之于众，那将是天空中的霸主。尽管埃克纳本人是反纳粹人士，但是由于齐柏林飞艇被纳粹作为宣传工具，加上害怕飞艇在未来战争中有潜在用途，美国通过了《氦气管制法》。美国是当时唯一的大规模氦气制造国，而该法是为了避免德国飞艇使用氦气而制订的。

因此，"兴登堡号"必须以更容易爆炸和燃烧的气体——氢气来充盈。但是对这艘飞艇的命运而言，更具决定性的是其外壳挑选的涂层，它是氧化铁外加防潮功能的醋酸纤维制造而成的，这种高度易燃的混合物几乎等同于火箭的燃料。似乎是为了保证它一定会燃烧起来，覆盖在醋酸纤维上的漆料是靠铝粉硬化的，而铝粉也是高度易燃的物质。

"兴登堡号" 1936 年 4 月从德国的腓特烈港升空，在经过将近 12 次的横跨大西洋飞行之后，人们依然对这艘壮观的银色飞艇着迷。1937 年 5 月 6 日，它来到了美国新泽西州莱克赫斯特镇，准备降落，一群新闻摄影师及电台记者都在场，准备记录下这历史性的时刻。

　　然而由于下雨天，结果完全出乎意料。已经因为加拿大纽芬兰上空的逆风而延误的"兴登堡号"飞艇，现在又因为暴风雨而无法降落。它在机场上空盘旋超过一个小时，等待天气放晴。"兴登堡号"穿过雨云时，机体充满了负电荷，机组人员将湿透的绳子抛下地面准备停泊，这些绳子就起到了接地线的作用。当飞艇的金属架因接地而充电，机壳便开始升温，高度易燃的涂料开始自燃。10 秒之内，艇身大部分着火，34 秒之后，巨大的"兴登堡号"就成了地上的一团火球。

　　到场的记者记录下了这一改变飞艇工业的历史性转折，悲剧全程都被拍摄下来且通过电台现场直播。电台记者赫伯·莫里森发表了著名评论："噢！对全人类及所有乘客而言，这是世界上最可怕的灾难之一。"

　　"兴登堡号"陷入熊熊大火的影像，引发了人们对整个飞艇产业安全性的质疑。在事件发生时，已经着手建造另一艘与"兴登堡号"相同大小飞艇的齐柏林公司，于 1940 年倒闭了。美国海军的"比空气轻的航空器"计划则始于 1921 年，终于 1961 年。

41 天！芬兰真冷呀

——冬季战争

似乎俄罗斯人卷入的每一场战争都有冻死人的天气因素。一般来说，这是俄罗斯人的优势，但是 1939 年，情况则正好相反。由基里尔·梅列茨科夫将军率领的苏联军队自信地向芬兰挺进，这支苏联军队不知道的是，芬兰 1939 年的冬天是当地自 1828 年以来最寒冷的一个冬天。本来应该只要几周便可以轻松打完的仗，却让他们在冰冻"地狱"中经历了漫长而残酷的煎熬。

当苏联与纳粹德国在 1939 年 8 月签订互不侵犯条约时，便为日后这场崩溃性的结局埋下了伏笔。约瑟夫·斯大林对德国的军事扩张极为担忧，也需要时间重建苏联红军（1937 年的"大肃反运动"，使苏联的军事人才几乎损失殆尽）。希特勒需要这个条约，因为他想顺利地入侵波兰，攻打法国、英国，而不必顾忌苏联的干扰。

本应持续 10 年的互不侵犯条约规定：任何一方均不得以武力攻击对方。除了签订这份公开的条约，两国还签下了一份秘密协议——将东欧分成德国区和苏联区。这份协议将立陶宛、拉脱维亚、爱沙尼亚和芬兰归入"苏维埃影响区"。问题是，没有人会自寻烦恼去告诉芬兰人这件事。所以，当事情发生时，芬兰人对这件事有自己的保留意见。

让芬兰知道必须听从于莫斯科的任务就落在梅列茨科夫将军的身上。梅列茨科夫将军有十足的理由确信他能圆满完成这一任务，在整条长达 1280 千米的苏芬边界，芬兰方面防卫薄弱。唯一真正的挑战是曼纳海姆防线，这里有芬兰 9 个师的防卫力量，但装备不足。起初，甚至天气似乎也在帮着苏联，河湖冻得结结实实，足以让苏联军队强渡，而阻塞道路的积雪却难觅踪影。

1939 年 11 月 30 日上午 8 点，攻击芬兰的命令下达。苏联步兵在炮兵轰炸的掩护下，越过芬兰边界进攻，机关枪开火，战场上充斥着"乌啦！"的呐喊声，估计有 60 万名苏联士兵越过芬兰边界。苏联的宣传单上画了一幅芬兰百姓渴望明智的共产主义政府的图画，自认为是芬兰解放者的苏联士兵们带着礼物、衣物、金钱及芬兰语宣传单越过边界。倘若基于某种理由芬兰人不肯顺从解放，苏联士兵们别无选择必须前进，因为后面是政委，他们对掉头的士兵一律射杀。

相较之下，芬兰军队是由没经过什么训练的预备役战士组成的，芬兰士兵大多穿着平民服装，他们彼此以名字称呼，有时候会敬礼，但是身份或等级意识并不是特别强。鉴于苏联军队和芬兰军队之间的差距太大，芬兰陆军元帅卡尔·古斯塔夫·曼纳海姆断定，芬兰唯一的机会是把军队拆散，相隔越远越好。他们会进行小规模攻击，不用火炮掩护，并利用意外的元素，在夜间或起雾和暴风雪时踏着滑雪板滑行而过。

由于芬兰人缺乏坦克及武器装备，他们以胆量、想象力及冬季求生技能来弥补。在芬兰境内，据说一名士兵看见苏联军队展示压倒性武力配备时嘲讽道："那么多敌人，我们要找什么地方才能把他们全部埋掉呢？"

苏联士兵穿着深色的制服行军，在白色的背景下，简直是闪烁的霓虹灯。而芬兰士兵在进攻时则穿着白色衣服，滑着自制的滑雪板，身体一侧还挂着苏联设计的机关枪。

然而，一个人滑着滑雪板还是打不过一辆坦克的。解决这个问题的办法是由芬兰国家酒品委员会提出的，他们供应 4 万支酒瓶，芬兰士兵则将煤油、焦油及汽油混合装入瓶中，并将破布塞入瓶内，点燃破布，然后把酒瓶丢向苏联坦克的后部——每辆苏联坦克的后部有额外的 227 升汽油箱，洒出来的油在小空间内迅速起火燃烧。超过 2000 辆坦克毁于这种土制炸弹。芬兰军队将它称为"莫洛托夫鸡尾酒"，以苏联中央委员会书记维亚切斯拉夫·莫洛托夫为名。莫洛托夫以其严肃的外貌著称，曾被一位英国外交官描述成是"熄灯后的电冰箱"，丘吉尔则说他有"西伯利亚冬天般的微笑"。

6 个月后，苏联军队才想到为他们的坦克配上雪地迷彩。他们也试图打败芬兰人，一本教导如何在滑雪板上以刺刀作战的新手册送到苏联士兵的手上。该手册毫无价值：实际上，人站在滑雪板上不可能使用刺刀，因为突然刺出的力量会迫使攻击者向后滑退。

当苏联军队学到这些惨痛的教训时，芬兰的气温也开始下降了。在家园保卫战中，战场陷入零下 40℃ 至零下 45℃ 的寒冷中。严寒影响双方的士兵，但是芬兰人是待在自己的地盘上，他们习惯了这种天气，而且比入侵者有更多取得温暖衣物的机会。芬兰士兵穿了好几层衣服并以床单裹着身体，他们的家人、朋友和支持者不断送来支援物资——手套、袜子、毛衣及围巾。同时，苏联士兵却穿着只为两周行程所准备的轻薄衣物。许多人没有大衣和手套——只有连指手套，开枪的时候必须脱掉。他们挤在无用冰冷的坦克周围，围着火缩成一团，对抗冻伤，等着冻死。

同时，与苏联军队形成鲜明对比的是，穿着暖和衣物的芬兰士兵则持续他们的滑雪板突击，他们通常以苏联军队的战地厨房为目标，深知饥寒交迫会使敌方全军覆没。《星期日泰晤士报》及《纽约先驱论坛报》的记者维吉尼亚·考尔斯描述了这场大屠杀，她看见数以百计的尸体像雕像般冻僵在他们死亡的位置上：

"我看见一具尸体用双手捂住腹部的伤口；另一具尸体挣扎着打开大衣的衣领；还有一具尸体可怜地紧抱着一幅廉价的风景画，画是用明亮而稚气的色彩画成的，可能是一件战利品，在他逃进森林的过程中，一直试图保留这幅画。"

当苏联士兵抱怨他们的困境时，政委则记下了他们不忠诚的言论。有些人的确设法写信回家，但是大部分的信永远没有寄送出去。后来，在尸体上发现了这些信件，冻僵的手指紧握着，其中一封信写道："为何我们要被派来攻打这个国家呢？"

最后，尽管苏联人损失惨重，芬兰还是敌不过苏联的军事力量。苏联军队用空中轰炸卡累利阿地峡制伏了芬兰人的抵抗，但是对苏联来说，这是一场以重大牺牲换来的胜利。据估计，被派到芬兰的 150 万人中，有 100 万人永远没有回来。

1940 年 3 月 13 日，莫斯科与赫尔辛基签下了停战协议。在此协议下，苏联接收了 5.7 万平方千米的前芬兰领土，包括卡雷利阿地峡、芬兰的第二大城市威普立、拉多加湖岸。正如一位苏联将军所说："我们有足够的土地来埋葬我们的死者。"

虽然这场冬季战争在芬兰以外的历史教科书中往往被忽略，但是它有深远的重要性。斯大林从惨败中吸取教训并重整军队，让许多军官复职，一切还算及时。希特勒也在留意这场冲突，当他明白芬兰人如何挫败苏联人时，他确信德国军队可以轻易击败苏联。

如果斯大林在 1939 年不入侵芬兰，芬兰最有可能在第二次世界大战中保持中立。如果德国侵犯了他们的中立地位，他们会勇猛地抵抗德国入侵者，就像他们当年对抗苏联人一样。芬兰可能会因为自身利益而成为苏联的军事同盟。然而事实是，芬兰把苏联视为更大的威胁，在第二次世界大战中，他们站在德国这一边。对德军而言，芬兰军队的用途之一就是冬季作战的训练者。

但是希特勒并没有吸取家园保卫战的教训，不久之后便在冬天将自己的军队派到苏联，同样过度自信，同样与苏联军队一样，因缺乏衣物而损失惨重，而结局也都非常相似。

42 天！这里真冷呀

——希特勒入侵苏联

当希特勒决定进攻苏联时，他并不是不了解拿破仑的教训，只是选择了忽略这个事实。希特勒不能忍受他的将领和顾问谈及拿破仑，他推断，"巴巴罗萨计划"绝对不会像拿破仑进攻俄国那么倒霉。德国击败苏联几乎是确定的，虽然苏联军力一向不可轻视，但希特勒深知斯大林对将领们的迫害行为，并且这些影响已经在苏联对芬兰的战争中显现出来。此外，斯大林一直因为俄德两国之间的互不侵犯协议而感到安心，并且以常理判断，希特勒应该不至于狂妄到没打完一场战争又开始另一场战争，但希特勒在欧洲其他地区颇具成效的闪电战策略无疑也震撼着斯大林。进攻苏联只需要一场短时间的会战，跟苏联的冬天无关，因为德军根本不会在苏联待太久，苏联人民必定会欢呼希特勒为解放者，"你只需要在门上踢一脚，整座腐败建筑便会坍塌下来。"希特勒说道。他大大低估了苏联人民的意愿和苏联气候的极端性。

1941—1942 年的冬天应该是温和的。知名德国气象学者弗朗茨·鲍尔是最先进行长期天气预测的人士之一，他向希特勒做了如此的保证。因为前 3 年的冬天格外冷，这一次应该暖和一些，连续 4 年寒冬在苏联 150 年的气象记录中从未出现过。

1940 年 12 月 8 日，希特勒发出命令："驻扎在苏联西边的苏联主力部队，必须用装甲部队突击摧毁先锋，要避免敌人整个部队有组织地撤退到广阔的苏联内陆地区。"

原选定在 1941 年 5 月 15 日开始攻击，"巴巴罗萨计划"是三路进攻方式：第一路主攻波罗的海诸国并占领列宁格勒（现在的圣彼得堡）；第二路向东直取莫斯科；第三路负责拿下基辅并占领乌克兰。当德国被迫保护它在巴尔干半岛的侧翼时，"巴巴罗萨计划"延误了 6 周，因此，行动开始于 1941 年 6 月 22 日，以"多特蒙德"为单一代号。

这是有史以来最大、最精心策划的攻击行动。苏联是世界上面积最大的国家，地跨欧亚大陆并涵盖近六分之一的地球表面。苏联拥有世界第三的人口数，以及对希特勒来说最重要的庞大天然资源。甚至战场还停留在"广阔的苏联内陆"之外，所涵盖的作战面积已超过西欧所有国家面积的好几倍，战场绵延3200千米，越过山脉、森林、沙漠、河川和沼泽。这将是一场空前的大规模战争。

1941年夏天很干燥，气温上升到令人烦闷的40℃。当时苏联铺设了路面的道路很少，太阳烤干了大地，德国坦克扬起尘土，阻塞了散热器和空气滤净器。已经热得有气无力、快被太阳烤焦的德国士兵饥渴难耐、头晕目眩，他们甚至将多余的衣物抛弃不要。

尽管如此，"巴巴罗萨计划"的第一阶段对德意志帝国而言仍是大获全胜。德军突击并击破苏联军队所有零星的抵抗，并迅速长驱直入，深入到苏联内地，7月便跨过了离莫斯科三分之二的距离，并俘虏300万名苏联军人。开战前两天，苏联损失了两千多架飞机，随后两周内，苏联军队就损失了74.785万人。在某些地方，德军不到一天便挺进80千米。

德军有理由相信，苏联人民的意愿并非与他们的领导者同心，德军会被奉为解放者。当然，并非所有的苏联人民都醉心于斯大林与苏维埃式的共产主义：乌克兰人、白俄罗斯人和外高加索的多元文化种族，有他们自己的历史、文化、宗教及语言；新并入的波罗的海诸国——爱沙尼亚、拉脱维亚、立陶宛和摩尔多瓦——以及之前从芬兰夺取的卡累利阿-芬兰共和国，都有可能加入德国，寻求脱离莫斯科而独立。事实上，芬兰人就这么做了。

德军以解放者的身份来到苏联境内，并带着结束可恨的集体农场的海报。"在自己的土地上耕作的自由农民们！请加入我们，一起缩短这场战争的时间吧！"起初，有些苏联人的确将德军的到来视为曙光。在某村庄里，打算进攻莫斯科的海因兹·古德里安将军部队受到妇女们的欢迎，她们带着"装有面包、奶油和鸡蛋的木盘子，我目睹的情况是，如果我没吃，就不准离开。"

如果你希望保持人民对你的好感，不管用什么方法，只要别将他们当作没有文化的人民看待就可以了。充满纳粹热血的德国占领军经常粗暴地对待"低等的"斯拉夫人，这是一场清除世界"犹太人-布尔什维克传染病"的战斗，任何阻碍的人都会被清算。斯拉夫人可能比犹太人好些，但他们依然是"低等人"，不是亚利安人种的一分子。

德军不供应战俘粮食，战俘挨饿，直到他们看起来"像动物的骷髅，而不像人。"在6个月内，超过200万名苏联战俘在德军的囚禁下饿死，根据某些报道，他们的尸体被用来填补道路上的坑洞。士兵后面跟着行刑队，行刑队负责围捕和屠杀犹太人和共产党员。

虽然一有反共产党组织或苏维埃共和国分子对抗苏联的反叛事件，便一律遭到镇压，但是和希特勒相比较，斯大林看起来简直像一位慈父，他能够团结苏维埃的意志并动员祖国对抗这支残忍的外来势力。苏联士兵与百姓同样以狂热的决心挺身对抗敌人，并武装平民针对桥梁和补给站发动攻击，同时保有俄罗斯人的军事传统，苏联军队在被迫撤退时，他们在井水里投毒，令德军饱受脱水和疾病之苦。

1941年7月28日，苏维埃最高统帅下达了第227号命令："不得后退一步！"苏联士兵必须阻挡德军，或者拼死抵抗。如果士兵们未能自行鼓起勇气，苏联军队便建立了一支由表现胆小怯懦的士兵所组成的惩罚营，并将他们派到战线中最危险的地方。这是一支死不足惜的部队。

1941年8月下旬，德军战果辉煌，希特勒下令手下将领停止向莫斯科前进并转向乌克兰，在那里，德军可以在农产品丰富的土地上狼吞虎咽。这次耽搁给德军带来了严重的后果。

苏联的秘密武器——天气，即将转变战争的趋势。希特勒没有考虑到苏联的特色天气之一，即名为"大沼泽地"的天气，在这种天气背景下，土地会变成沼泽。虽然希特勒已经从查理十二世和拿破仑的灾难中吸取了一些教训，同时他也预期到春天的泥泞期，但是他相信，在那之前他们早已将纳粹党旗飘扬在莫斯科的上空了，所以这一点并不重要。气象学者警告过希特勒要注意秋天的泥泞期，但是他没有听进去。

1941年10月2日，希特勒下令再次进攻莫斯科，莫斯科城进入高度警戒状态。每天，莫斯科居民，包括老人和小孩，都挖着一条98千米长的反坦克壕沟，同时俄罗斯的波修瓦大剧院外和红场上的防空气球都充满了气。"社会重要人物"被疏散，列宁的棺木被搬到郊外，同时，来自西伯利亚的部队移到城郊。接着，德军就遭遇到了泥泞。

坦克的车轴陷入泥泞中，致使坦克每前进一步都变得蹒跚且要耗损相当的能量，首先泥土路变成无法通行的沼泽，然后甚至砾石路面的道路也往下陷。补给卡车经过的路面，留下了一个个泥坑，路面被破坏。马拉的交通工具是战争期间劳力的重要角色，但它们只能停留在小路上，因为马被深陷在沼泽中，马儿拼命挣扎，最后力竭而亡。

当然，苏联军队也必须面对泥泞，但是他们准备比较充分。苏联坦克的履带要比德军的宽，而且与地面的间隙也较大，加上他们是打防卫战，这意味着不需要太过依赖部队快速调动。

地面变成了浑身湿透的"复仇者"，报复着德军，直到11月带来的冰冻严寒，德军才得以继续朝莫斯科挺进。12月1日，第六装甲师团来到了距离克里姆林宫24千米的地方，但是当天夜里，气温陡降至零下40℃。大约在这个时候，前线的士兵联络希特勒的气象学家鲍尔，告诉他外面有多冷，他们问他是否还坚持暖冬的预测，鲍尔说："一定是观察出错了。"

对德军而言，他们实实在在地体验到了冰冻严寒。在这样的环境下，枪支的撞针碎裂，机关枪冻结，炸开的炮弹因白雪而受潮。穿着夏季制服的德国军队饱受冻伤之苦。一度因为泥泞而无法通行的道路，现在则被白雪封住了。

苏联人也并非免受严寒，但是他们有比较好的装备。此时向前线挺进的后备军直接来自西伯利亚，这些后备军在寒冷中长大，更重要的是，他们穿着恰当。大部分苏联士兵穿着有衬垫的夹克及白色的迷彩服，头戴毛帽，脚穿毛靴。相比之下，德军步兵的靴子是用铁钉缝制的，这样会加速冻伤的发生。

希特勒最终被迫同意撤退。到了1941年底，他们已经后退到距离莫斯科144千米的地方。现在已经清楚地表明，闪电战无法征服苏联，而希特勒现在不得不面临着长期战争的损耗。为了生存，他必须控制巴库（注：阿塞拜疆共和国首都）的油田，为德军供应燃料，同时不让苏联人占领此地。沿途，希特勒的军队想要占领伏尔加河河畔一座具有战略地位的城市，也就是以斯大林名字命名的斯大林格勒（即现在的伏尔加格勒）。占领此地同样具有重大的象征性作用。

1942年6月，德军向南进发。在温和的夏季，德军再度处于适宜的气候中，他们朝斯大林格勒展开报复性猛攻。一开始的空中轰炸将这座主要为木结构的城市烧成平地，剩余的建筑物变成瓦砾堆，然后部署军力是苏联兵力两倍的 10 万名德军便进城了。

"苏联完蛋了！"希特勒这样宣布，但是这有点言之过早。他再次低估了苏联人民为捍卫国家而勇猛顽强战斗的决心，同时也再次低估了苏联的冬天。

1942 年 8 月 27 日，乔治·朱可夫将军晋升为代理最高指挥官，地位仅次于斯大林。他的计划是诱骗德军使用错误的防御措施，以"主动式防御"削弱德军，同时秘密地准备一场大反击。时机与保密是关键，在接下来的两个月里，朱可夫偷偷调动大批兵力及物资到斯大林格勒以东的位置，在这一过程中，天气帮了不小的忙，阻碍了德军飞行侦察的准确性。

到了 9 月，德军已经来到了斯大林格勒市中心。苏联军队在建筑物的废墟中作战，单单一天内，就击退了德军多达 10 次的攻击。百姓也被召集入伍，他们作战、建避难所、修理坏掉的坦克。苏联强大的狙击兵力削弱了德军的士气，到了 11 月初，德军损失惨重。

11 月 19 日，在大风雪的掩护下，苏联军队展开攻击。他们包围德军。当希特勒的将领力劝他允许部队中止斯大林格勒的作战并朝西进击时，希特勒拒绝道："我决不离开伏尔加河！"

被包围的德军一开始是 33 万人，其中 10 万人被俘，其余的被迫在他们所摧毁的建筑物瓦砾堆中与恶劣的天气搏斗。最糟糕的是，苏联的冬天就在眼前。

第六军团每天需要 300 吨的补给物品，而德国空军只能提供大约 100 吨，在运送过程中，他们损失了 490 架飞机及 1000 名机组成员。当德国空军渐渐无法进行空中补给时，被围的德军陷入饥饿、冻伤和苏联的狙击兵手中。由于不能有效地将补给物品及时送到地面，饥饿受冻的士兵争先抢夺他们所能得到的任何东西——每个人都只想到自己。就像几世纪以前饥饿的士兵所做的事情一样，他们屠杀了自己的马匹，然后当马肉无法供应足够的肉类时，狗、猫和老鼠都变成了食品。

严寒的冬季却对苏联军队有利。12 月 16 日，伏尔加河终于封冻。德军由于炮弹短缺，无法炮轰伏尔加河。朱可夫的第六十二军团建造了一座新的渡河冰桥，在接下来的 7 周内，1.8 万辆卡车及 1.7 万辆其他车种，载着食物、武器、医疗补给品和温暖的衣物送到苏联军队手中。

在废墟的城内，德军继续忍受大约徘徊在零下 35℃的气温。每天仅有 500 卡热量的食物维持生存，他们对肝炎、腹泻及斑疹等疾病毫无抵抗力。他们也无法洗漱，因为没有足够的燃料可以融化雪水。在那种环境下，只有虱子吃得饱。情况非常骇人听闻，以至于德军下了一道命令："在战场上自杀等同于逃兵。"但是要如何惩处却不清楚。

"在那可恶国家第二个无情的寒冬中，"德国步兵班诺・杰瑟写道，"对外交通完全被切断，呈原野灰色的人们个个垂头丧气……从一处防御位置到另一处防御位置。大片白色的荒野，越过我们，一直延伸到东边，冰冷的风将百万颗如剃刀般的冰粒鞭打在他们没刮胡子的脸上，德军个个极度筋疲力尽，极度饥饿难耐……然后疲劳不堪的躯体耗竭，一动也不动了。不久，'仁慈'的冰雪寿衣覆盖在这个物体上，只有长筒马靴的靴尖或冰冻得如石头般的手臂可能会提醒你，现在这处瘦长的白色冰丘在不久前曾经是一个活生生的人。"

1943 年 1 月 12 日，最后一架德军飞机飞离了斯大林格勒，它载着一袋知道自己死期将近的年轻士兵们所写的信件。这些信件永远没有送达收件者的手上，德国宣传部长约瑟夫・戈培尔下令扣押这些信件，免得信件的任何内容被用来助长战争动机的可能。结果，他们发现这些信件中鲜有内容能够激起爱国主义的浪潮，这一点也不奇怪。

"你不可能跟我说战友们死的时候口中会念着'德国'或'希特勒万岁'，"一位士兵写道，"无疑地，将死之人最后的话是给他们的母亲或他们最爱的人，或者只是一种求救的呼喊。"

1943 年 1 月，残余的第六军团送出最后一份绝望的请求到柏林，希望能允许放弃斯大林格勒。回应于 1943 年 2 月 24 日送达："不准投降！第六军团要坚守岗位到最后一人及最后一发子弹，通过他们英雄般的坚强，将有助于建立防御阵线及拯救西方世界，做出人们永远难以忘记的贡献。"

1943 年 2 月 2 日，德军终于被迫投降，这场持续 200 天、战场覆盖范围 10 万平方千米的战役宣告结束。战役的代价难以言喻，原先进攻斯大林格勒的 33 万名德军当中，有 9 万人被俘；其余全都倒下——有些战死，但是大部分死于饥饿、疾病及严寒。在俘虏当中，有 2.5 万人踏着深及脚踝的雪地在长途跋涉到西伯利亚监狱的途中死亡，而能够活着到达西伯利亚监狱的人当中，只有 2500 人再次见到德国。

清除斯大林格勒的冰尸就动员了 3500 位市民及 1200 名德军战俘，在往后的几十年中，尸骨陆续出土。15 个月后，美国率领下的盟军才完全投注军力对抗德国，展开 D 日攻击。但是在许多观察家看来，德意志第三帝国的结束是以斯大林格勒战役为开端的。希特勒放弃 30 万名德军、任他们死在冰冷地狱中的事实震惊了德国大众和军方。德国在东线一直没有再取得胜利，于是士气被粉碎，而苏联人的决心更强大了——他们不断前进，直到拿下柏林。

苏联胜利所付出的代价也是无法估量的。苏联单就斯大林格勒战役所损失的人就比美英两国在大战中所损失的人还多。在苏联人所谓的"大爱国战争"结束时，有 2800 万苏联人丧生，其中 17～21 岁的青年占了 95%。超过 7 万座村庄被夷为平地，而且至少有 60% 的国家基础建设，包括 4 万所医疗中心和 8.4 万所学校被毁。

天气并不是改变战争形势的唯一因素，但是天气扮演着重要的角色。"在苏联广阔的地域中，天气是一股引人注目的力量，"一位曾经服役于东线的德军将领写道，"认识并尊敬这股力量的人便能够战胜它，不屑或低估它的人便有招致失败或毁灭的危险。"

43　D 日计划

　　在希特勒放弃进攻莫斯科的两年后，席卷欧洲的纳粹旋风不再是战无不胜，但是盟军也没有获得胜利。苏联军队已经将德军一路击退到波兰边境，盟军轰炸机也在不断摧毁德国城市，但是希特勒依然掌控着从大西洋到聂伯河长达 2092 千米的范围。希特勒具有的两类高度毁灭性武器：V-1 炸弹和 V-2 火箭也即将完成开发。斯大林力劝丘吉尔与罗斯福在欧洲开辟第二条战线，以减轻苏联的压力，同盟国远征军最高统帅艾森豪威尔将军准备发动一场大规模的进攻，作为西欧作战的开端。因此，开始的 24 小时将至关重要。

　　经过两年的规划，"霸王行动"将是历史上最具雄心的海上运输攻击。这个计划需要将近 300 万名的同盟国军人，英国、美国、加拿大、波兰、法国和捷克，搭乘 4000 艘船舰及 1.1 万架飞机。调动如此大规模的军队需要庞大的规划以及适宜的天气条件：登陆必须在退潮期间的黎明展开，此时障碍物才会露出海面；登陆时必须有大约 5 千米的能见度，海军舰炮才能射击；还要求海面必须平静；也必须是满月，这样才能加强大规模的夜间空降行动；适宜的天气必须维持至少 36 个小时，这样才能有足够的时间供部队登陆并守住滩头堡。在理想的状况下，决定攻击的预先通知时间非常短，但是如此庞大的攻击兵力无法闲置着空等天气的许可。成功的诺曼底登陆比起先前的任何战役更依赖于气象学者的能力。

　　这场战争一开始，天气预测就被视为军事情报搜集不可或缺的部分，军中雇用气象学者为战争效力。1944 年盛夏，美国陆军航空气象联队在全世界 900 所气象站中雇用了 1.9 万名官员及其他人员。在美国参战初期，根据战时实施条例，强制广播电台实施了一套严谨的气象机密规范。这套规范于 1942 年 1 月发布，就在偷袭珍珠港 1 个月后，告知电台播报员，除非美国气象局有其他指示，否则必须删除所有相关天气消息。虽然遵守规范是出于自愿，但是电台制作人都认为，如果不自愿参与，电台执照可能会被吊销。当棒球赛因雨停赛，球赛播报员便用委婉的说法如"场地泥泞"或一般用的"因天气取消"来发布公告。1942 年 3 月 16 日，一场大龙卷风袭击美国，从密西西比到印第安纳州共有 24 个登陆地点，广播电台保持沉默，结果共计有 148 人罹难。因此不久后便修订了新闻检查制度，允许电台做紧急情况警报，但是只有在美国新闻检查局对每一则警报签署批准令后才可发布。

专门负责 D 日攻击的气象观察员是从英国气象局、皇家海军及美国陆军航空队挑选出来的。他们都做出各自的预测并将建议呈交给最高气象顾问史塔格上校，史塔格是一位高个子、沉静、蓝眼睛的苏格兰人。美国人和英国人使用不同的方法做预测，所以经常出现相反的结论，美国人倚靠过去的记录来判定天气是否吻合某个过去的模式；英国人使用物理及数学模型，在当时没有电脑的情况下，要针对一份 24 小时的预测执行极其复杂的计算，实在非常困难。

"D 日计划的结果，或许西方世界的整个未来都依靠这些预测，可以说的确有些压力。"皇家海军的预测员劳伦斯·霍格本博士于 2004 年告诉《每日电讯报》。

经过协商同意，攻击的理想时间是在春天。通常在春天里，来自亚速尔群岛的气团飘向东北，会在诺曼底上空形成一道"阻塞高压"，这道高压会引导暴风雨远离，并移向斯堪的纳维亚半岛。这意味着，4 月里有大约 40% 的好天气，5 月则有大约 30% 的好天气。然后，在 6 月，西伯利亚高压变弱，此时往往会带来暴风雨和波涛汹涌的海面。所以刚开始时，行动是计划在 5 月展开的，但是计划者觉得需要额外的空中行动，而且应该增加攻击部队的规模。"霸王行动"就这样延后至 6 月。

一共挑选了 3 天。行动预计在 6 月 4 日、5 日或 6 展开——6 月 5 日最为理想。如果那时候天气不允许发动攻击，那么下一个时机预定在 6 月 19 日。

接近 6 月 4 日的时候，突然发生了暴风雨。艾森豪威尔将军将行动延至第二天。当时间一分一秒过去，天气并没有好转的迹象，气象学者也没有把握天气会有任何改善。接着一艘在冰岛外海的皇家海军军舰汇报说，气压正在持续上升中，这可能表示一道隆起的高压正在英吉利海峡上空的冷锋后形成，因此在 6 月 6 日当天重要的几小时黎明时间，可能会提供有利的气象条件，但是天气很可能处于临界边缘。3 个气象预测中心分别判定行动是否继续进行，最后他们以 2∶1 建议攻击。

虽然投入这项任务的预测员都是最优秀的，但是天气依然让人出乎意料。1944 年 6 月 5 日，艾森豪威尔将军的海军副官海瑞·巴彻上校记录了一些有关"天气预测"的幕后讨论。

"星期一上午，气象预报员讲完了所有的气象报告，在一份相当沉闷的报告之后，有人问道：'D 日当天，英吉利海峡及法国海岸上空的天气如何？'这位气象预报员犹豫了……在引人注目的两分钟后，终于非常谨慎且冷静地说道：'回答这个问题会让我成为推测者而不是气象学者'。"

经过一阵热烈争论后，艾森豪威尔终于说："好吧！我们会采取行动。"6 月 5 日晚间，盟军知道，他们如果不是即将改变战争趋势的胜利先锋，就是即将遭遇大溃败。"对整个行动，我非常担心，"英国参谋长艾伦·布鲁克爵士说道，"很可能会成为整场战争中最恐怖的灾难。"

艾森豪威尔将军甚至写了一道口信，准备在万一任务出意外时发布："我们在瑟堡-阿弗尔的登陆无法取得令人满意的据点，而我已经将部队撤离了。我决定在这个时间和地点发动攻击是根据最佳的情报来源。登陆部队、空军和海军已在职责上发挥了所能付出的勇气和贡献。若对攻击行动有任何的指责或错误，全是我一个人应负的责任。"

幸运的是，选择的时机是理想的。处于临界边缘的天气赐给了盟军重要的意外适宜的天气。4 日和 5 日的暴风雨阻碍了德国海军巡逻队及侦察机勘测盟军的攻击准备。而且德军自信地认为，能把他们的飞机困在机库里的这种天气，同样也会阻碍盟军的进攻。盟军也主导了一场非常有效的消息烟雾战，盟军借由反复轰炸卡雷地区，制造出准备进攻该区的假象，导致希特勒相信盟军会进攻位置较北的卡雷海峡海岸。他们还发出有关部队调动的假消息。例如，美国派出了"第一美国军团"加上英国派出了"第四军团"，这支幽灵军团可能会参与爱丁堡计划，进攻挪威。他们甚至建造了一座码头，周边围绕着充气式坦克、假仓库及空营房，以蒙骗德军的空中监视。德军驻法国西北部的指挥官陆军元帅欧文·隆美尔，非常坚信盟军不会进攻该处，或者不会在那个时候进攻该处，所以他在 6 月 6 日快速返回家里，为妻子庆祝生日。

这次攻击计划需要 5 个师沿着一条 80 千米长的海岸线登陆。英国和加拿大部队会在东边登陆，美军则在西边登陆。早上6点30分，5000艘船舰出现在英吉利海峡。一位登上加拿大扫雷舰"肯索号"的水手如此描述："眼前到处都是船舰。我总是这么说，如果你能够一步跳91米，甚至不用弄湿脚就可以回到英国。"

就如预测的那样，天气好转了，但是谈不上完美。前一夜云层很厚，阻挠了某些计划中的空中攻击行动。风激起的大浪有1.5米高，打在登陆艇的侧舷，令士兵们感到又晕又冷，而被水打湿的作战工具显得更为沉重。在朱诺海滩登陆的第三加拿大师因为海面浪涛太大，延误了1.5小时，当他们抵达朱诺海滩时，已经错过了那段意外的适宜天气。尽管如此，英国和加拿大联合部队还是拿下了3处海滩，并向内陆挺进约4.8千米，朝卡昂前进，整个行动估计损失了3000名英国士兵和946名加拿大士兵。

损失较大的是在奥马哈海滩，在这里，德军从高地向下扫射进攻的美军。因为有刺铁丝网及其他障碍物的阻挡，登陆艇无法靠近海滩，士兵往往必须跳入深及颈部的水中。许多水陆两用船被迫折返；装甲部队遭到特别严重的打击；谢尔曼坦克配备了原本应该会让它们浮在水面的装置，最终还是沉没在起伏的浪涛中。第一批出动的32辆谢尔曼坦克中，有27辆带着组员沉入海底。

美军士兵的尸体散布在海滩上。对奥马尔·布拉德利将军而言，这场大屠杀似乎是"不可逆转的大灾难"。但是下午的时候，他获得消息：部队已经前进到能够俯瞰海滩的峭壁山脊，正朝内陆挺进。占领这些峭壁付出了很大的代价，美军方面有1465人阵亡，3184人受伤，1928人失踪；而德军损失估计4900人。

"如果D日计划失败了，一切不会有太大的变化，"霍格本博士说，"而失败则是天气造成的。"

要不是盟军利用了6月6日的时机，那么即使有充气式坦克，可能还是会错过那段意外适宜的天气。果真如此，在6月18日、19日这两个备选日，诺曼底海岸遭到一场连续4天的暴风雨侵袭，会阻碍补给品登陆海滩。即使盟军能够登陆，也不可能获得后续的补给品及增援部队，于是最可能采取的策略是将计划往后延。那么德军的空中侦察绝对会发现诺曼底即将成为盟军进攻的地点，而希特勒可能已经利用了这段额外的时间加速发展他的V系列武器计划。

然而，盟军达到了目标，他们守住了海滩，拿到了横扫法国的入场券。到了 7 月底，登陆法国的美军超过了 80 万人。此外，8 万多辆卡车载着食物、弹药和补给品上了岸，现在德军必须在 3 条战线上进行陆战，对手包括苏联、意大利和法国。

44 核时代的来临：蘑菇云

　　冷战带来的可怕讽刺是，尽管两大超级强国从未彼此向对方动用核武器，但是两国都成功地教育了自己的人民：要寻求核霸主的地位。虽然用在战争中的原子弹只有两颗，但是自从第一颗原子弹投下后，美苏两国已经执行了1745次核试爆。另外，其他的核强国（法国、英国及中国）则试爆了288颗核装置。

　　美国健康与人类服务部研究估计，遍布全球的核武器试爆可能造成1951年以后出生的大约1.5万美国人因癌症而死亡，另外有2万名非致命性癌症患者则可能是因为核试爆而导致的。有研究揭露，美国境内的每一个人都暴露在增强的核辐射中，而这只是美国人所面临的情况。一位丹麦籍科学家阿斯科·阿克罗格，在1995年维也纳的一场国际会议报告中估计，苏联的核活动可能会使全球人口每年接收到的辐射剂量增加1/6。由于风的作用，核辐射物会散布世界各地。

　　这一切始于1945年7月16日，美国新墨西哥州的三一试验场。在三一试验场以北322千米的高度机密研究机构——洛斯阿拉莫斯国家实验室，"经过28个月的规划，第一颗原子弹在恶劣的天气状况中引爆，大雨倾盆而下，挟带着阵阵强风、闪电和雷声"，本杰明·霍尔兹曼在《天气预测》杂志中如此写道。

　　等暴风雨过后，原子弹也成功试爆了，现场的几位"曼哈顿计划"科学家见识到了新的天气现象：第一朵蘑菇云。原子弹爆炸时会产生巨大的热量，靠近爆炸点的任何物质都会蒸发掉，变成气体。那颗火球扩散并冷却，就像一颗热气球往上升，并带着被蒸发掉的物质及任何重量轻到足以被吸进那片上升蘑菇云的尘土和灰烬。这些物质与炸弹的放射性副产品混合在一起，然后本身也变成了放射性物质。在渐渐冷却的火球上升的时候，会拖着超热的尘土和碎片组成的"云柄"，这就是我们现在熟悉的蘑菇云形态。不久后，原子弹落在日本的广岛和长崎，让全世界都注意到，人类已经迈进了核时代。

1946年，美国将试验场移到太平洋上的一座环状珊瑚岛——比基尼岛，遥远试验场的成本变成了问题所在，因此当局指派了一个委员会选择在美国大陆进行第一次陆上核试爆的地点。了解天气的人士，尤其是空军单位的气象人员，都认为美国东岸某地点是最佳的选择，因为"美国主要受西风的影响"。不过，这些风向专家的意见却被投票否决了。

1949年8月，苏联以其核试验向世人宣布苏联的核地位。莫斯科与"曼哈顿计划"相当的行动，是由被誉为"俄国奥本海默"的库尔恰托夫所领导，全盛时期的计划是一颗2.2万吨、人称"RDS-1"（意为"斯大林火箭引擎"）的原子弹。在西方，这颗原子弹被称为"斯大林-1"（Joe-1，代表约瑟夫·斯大林）。据说，斯大林要苏联的核试爆尽可能惊天骇地，这次地上核试爆毁掉了哈萨克试验场周围4.8千米内的住宅。

于力·卡里顿和于瑞·斯密诺夫在《原子科学家会刊》中写道："在最引人注目的那个地方，当原子弹攻击的恐怖威胁着苏联和数百万人的生命时……首要任务是执行需要全国动员的真正英勇事迹……所有这一切是在一个遭到战争蹂躏的国家内完成的。"

苏联科学家有强烈的渴望，不仅要在核竞赛中赶上美国，还要超越美国。对于一个在第二次世界大战中几乎丧失了原有一切的国家而言，每一位苏联人心里都明白，在毫无准备的情况下遭受攻击会产生什么样的后果。此外，在斯大林的统治下，奖励或惩罚都无法和美国相比。有一则故事说，苏联的原子弹计划负责人拉夫伦迪·贝利亚决定，给予成功科学家的奖励是以万一研究失败会有多严重的后果为基础的。若失败会遭射杀的科学家，要授予"社会主义劳动英雄"的头衔；若失败会被遣送到西伯利亚监狱的科学家，则颁给"列宁勋章"等，依此类推。这则故事当然是杜撰的，但是的确表明，将最有利的成果呈献给斯大林有多么重要。

至于美国人的动机——斯大林拥有核武器，这不用我多说，读者也明白是怎么一回事。谈到核试验，美国人的中心思想是："比起落后的苏联，核辐射的危险性实在算不了什么。"就这样，美国开始逐步扩大核弹头的制造与测试，洛沙拉莫斯的科学家平均一年设计出5个新核弹头。军方战略家在符合这套政策的情况下，拒绝了美国东岸试验场的意见，而且为了节省旅途时间和成本，选择了靠近新墨西哥州研究机构的一个地方作为试验场，这个地点就在内华达州拉斯维加斯城外空旷的沙漠中。诚如肖勒德·德·格洛特在《今日历史》杂志中所写的："在美国境内，要找5万吨炸弹对景观不会造成显著影响的地方实在不多。内华达州证明了人类的炸弹很大，但是上帝的土地更大。"

而且，内华达州的沙漠还有另一个有趣的副作用，许多内华达州人很希望自家的后院有核武器。在沙漠里，往往见不到农业和工业，因此该州的收入少之又少，但核试爆会带来不少的收益。内华达州的帕特·麦卡伦参议员积极活动，争取核试验场，事实上，那颗原子弹只不过是激励地区经济而已。到了20世纪80年代中叶，内华达州南部大约有2万人直接或间接受雇于核测试计划，这使得该州的试验场成为内华达州境内的第二大雇主，核弹测试场也成了观光景点。拉斯维加斯（在这座城市内可以看见核爆闪光）的旅馆经营者安排了套装旅游，金沙娱乐城赞助"原子弹小姐"选美活动，火烈鸟酒店的美容沙龙提供蘑菇云发型，而赌场的宾客则可以喝一杯"原子鸡尾酒"，这种酒混合了伏特加、白兰地、香槟和雪利。在内华达州，卖淫是合法的，核测试计划也给娼妓们带来了不少的收入，让她们可以在试验场旁的妓院内谋生。

1951年1月27日，第一次在内华达州的沙漠中进行核试爆后，查尔斯·拉塞尔州长表示："想到这块没什么收益的试验场正在推动科学并协助国防就令人兴奋。长久以来，我们一直把这一地带视为荒地，而今天，它因为原子弹而繁荣成长。"

美国的核试爆对内华达州的观光业是一大推动，而苏联在哈萨克的核试爆却是严守的秘密，甚至对那些最靠近爆炸现场的人来说，也是严守的秘密。有些在苏联试验场附近工作的军人是通过揭露的西方情报才知道核辐射的危险。在苏联核试爆期间，哈萨克承租了大约500次的核爆炸，苏联科学家针对当地6000位居民研究了核辐射对健康的影响，这些科学家记录当地居民的身体状况时，并没有替他们做任何治疗。

在美国，对健康的主要顾虑并不在于试验场附近的居民（住在那里的人并不多），而是一群从来没有怀疑过自己是危险族群的人，这些人离试爆中心点很远，试爆好几天以后，放射云才开始光顾他们。结果，最直接受到核试爆影响的是爱达荷州东部的居民，而这个地点在内华达州试验场以北 885 千米。

当蘑菇云聚集的密度与周围空气相当时，就会停止上升，而且与一般的云一样，受同样的风向和降水活动控制。正常的天气循环系统会决定到底哪些放射性物质最后会停留在哪个地方。在美国，风常常是由南向北吹的，内华达州核试爆所造成的大部分高空风和雨，最后来到了爱达荷州。

然而，天气形态并不是那么简单的。"辐射最强点"在许多没有预料到的地区进了出来，因为路过的云积聚辐射能，继续移动，然后辐射尘在距试爆中心点好几个州以外的地方变成了雨水降落下来。中西部的部分地区，甚至是新英格兰，都接收到了高剂量的碘，其中有一个辐射最强点是在纽约州的罗切斯特市。1951 年的暴风雪过后，柯达工厂的员工用盖氏计数器测试当地的雪，然后发现放射性数值高出正常值 25 倍。1953 年的另一场核试爆后，纽约州的阿尔巴尼市迎来了一场暴风雨。当地的大学生拿着盖氏计数器测水坑的反射性读数，发现读数高出正常值 1000 倍。因为辐射最强点更有可能出现在大雨和大雪的月份，原子能委员会评估了阿尔巴尼的那场雨并提出建议："把一系列核试爆安排在秋季，可能多少可以降低美国境内的总降水量。"这个建议似乎一直都没有被采纳。

英国科学家相信，苏联核试爆所导致的辐射尘被高空气流带走，并在英国形成辐射最强点。他们怀疑，英国境内的某些癌症患者和死亡可能是哈萨克核试爆造成的。苏联核试爆所造成的放射性污染，其扩散范围大部分仍旧未知，但是根据记录，哈萨克的癌症罹患率、脑瘫和婴儿出生缺陷比率异常的高。

关于暴露在辐射尘下对健康的影响，科学家的看法存在着分歧。美国国家癌病署预测，辐射尘可能会影响各地，造成美国额外增加 1 万～ 7.5 万个甲状腺癌的病例。不过，其他科学家表示，目前还不确定癌症和核辐射的关联性。至于内华达州的试验场，即将用来生产电力（风力发电）。从前的核试爆区大约有一半预计将被改建成风力发电场，325 台风力涡轮机将产生 2.6 兆瓦的电量。

45 阳光普照下的广岛

"云层覆盖度小于30%。建议：轰炸主要目标。"

广岛是日本最大的岛屿——本州岛西南海岸的一座城市。1945年8月6日，这里的天气湿热，不过天空晴朗且阳光普照。燃烧弹已经毁掉了日本许多城市，但是广岛仍然幸免于难，因为太田川的几条支流穿越这座城市，阻碍了火势的漫延。那天早晨，8900名当地学生出来帮忙清理及拓宽街道，作为战争劳动的一部分。

7点9分，空袭警报声响起。警报的发布是因为地面发现这座城市的高空中有一架飞机。这架飞机飞过上空消失，并没有投下任何炸弹。大约7点45分，解除警报声响起，广岛市民离开了防空洞，恢复到日常的状态。他们不知道的是：刚才平静飞过去的那架小飞机，其实已经决定了他们的命运，同时促成了一项决策，使得广岛这个城市的名字永远成为原子弹爆炸的同义词。

"曼哈顿计划"的负责人莱斯利·格罗夫斯将军，考虑到轰炸日本古都京都所带来的心理冲击是其他可能的地点所无法比拟的，原本想要以京都作为第一颗战争用原子弹的投掷地。不过战争部长亨利·斯廷森否决了格罗夫斯的提议，他认为京都城中有数百年历史价值的文化及宗教文物应当保存。

7月30日，斯廷森拍电报给正在参加波茨坦会议的杜鲁门总统，请求下令投掷原子弹。杜鲁门亲笔回复："建议批准，准备好立刻投掷。"

8月1日，一场正在接近的台风短暂拖延了这次攻击。不过几天后，天空便放晴了。8月5日，飞行员已准备动身，取名为"小男孩"的原子弹被装载到一架B-29轰炸机的弹仓内，这架轰炸机的指挥官以他母亲的名字——安诺拉·盖伊，替自己的轰炸机命名。

陆军航空队的保罗·提贝兹上校坐在"安诺拉·盖伊号"的驾驶舱内写下历史之前，目标清单已经筛选到剩下4个地点：广岛、小仓、新潟和长崎。人口约 35 万的工业城市广岛被选定为主要攻击目标。广岛四周环山，会凝聚核爆炸冲击波的威力，达到最大效果。不过最后的决定将交给天气，如果广岛上空布满云层，那么天气最晴朗的地点会成为新的主要目标。

"安诺拉·盖伊号"并非唯一参与轰炸任务的飞机，在这架轰炸机出发之前，已先派遣了 3 架气象飞机。在广岛引发空袭警报的飞机是"同花顺号"，由克劳德·伊特里少校指挥，伊特里见到目标上空天气晴朗，便送出电报并返航。"安诺拉·盖伊号"的领航员西奥多·范柯克上尉将航道设定朝向广岛。当轰炸机接近广岛时，空袭警报没再响起，或许民防监视人员因为先前那架飞机造成防御上的错觉，以至于没有针对即将发生的事情发出警告。

当炸弹投下时，"安诺拉·盖伊号"轰炸机因为重量减轻而弹升。提贝兹做了一个急转弯，这个动作他已经练习了许多次。逃脱的动作会保护飞机免于原子弹爆炸的冲击波。43 秒过后，原子弹在地面上空 576 米处引爆。

爆炸产生了一道炫目的白色闪光。一阵相当于 2 万吨 TNT 炸药爆炸的冲击波释放出一团火球，热到足以熔化钢铁和花岗岩。冲击波将 4.8 千米范围内的所有东西夷为平地，接着蘑菇云出现并升上天空，扬起灰尘及残砾的漩涡状气流，旋风撕裂整座城市并降下黑雨。周围几千米范围内的玻璃和镜子都被震碎，碎片遍洒在地上。

死亡人数无法精确地统计，但是估计有 10 万人瞬间死于大爆炸中，而没有死的人也被烧得面目全非。有些人五官尽失，走起路来形同僵尸，他们将手臂伸展开来，以免烧焦的皮肤和身体摩擦。有些人的眼球在眼眶中熔化了，因此盲目地摸索着。有些受难者的肌肉上烙印着自己衣服的图样。另有 14 万人因为核辐射，注定将缓慢死去。

针对疾病及伤患，能救助的少之又少。医院里伤患大爆满，但是半数以上的医师和几乎所有的护士都遇难了。那些残存下来的人本身也受了重伤，只剩下少数医护人员留下来尽其所能协助受害者，并记录新疾病的效应。

在这一切上方的是"安诺拉·盖伊号"的机组成员，副驾驶罗伯特·路易斯上尉在飞行任务日志上记下他的经历：

> "那阵闪光很吓人……这无疑是人类所见过最大的爆炸。我确定所有

机组成员所感受到的这次体验，不是任何人所能想象的。这似乎难以理解，只是我们到底杀了多少人啊？我坦承有种笔墨难以形容的感觉，或者我可以说'天啊！我们到底做了什么？'如果我会活到100岁，我永远忘不了这几分钟。"

弗朗西斯·马伯特是B-29超级空中堡垒的一位工程师，那天上午他的任务是为"安诺拉·盖伊号"引开敌人的火力，他回忆道，甚至离目标32千米远都可以看见及感受到爆炸。根据路易斯上尉的描述，甚至一个半小时后距离目标644千米处，仍然可以看见蘑菇云。

美国等待日本人投降的消息。马歇尔将军后来记录道："我们没有考虑到的是：这次破坏是如此的彻底，东京可能需要相当长的时间才能够得知爆炸的实际真相。"

如果不是另一桩气象事件，或许东京会有时间接收并消化有关广岛命运的消息。由于日本并未立即宣布投降，美国开始准备第二次原子弹示威。这次轰炸预计在8月11日进行，但是气象报告指出，到时候坏天气会袭击日本。这项行动因此提前至8月9日。

8月8日，第二颗名叫"胖子"的原子弹被放入了一架名为"伯克之车"的B-29轰炸机弹仓内。8月9日凌晨3点47分，驾驶员查尔斯·史维尼少校驾机起飞，飞往拥有重要武器兵工厂和日本钢铁大厂的小仓市。史维尼少校在第二次世界大战期间还不曾针对敌军目标区投掷过炸弹，而且事实上，他一生也只投过一颗炸弹。不过他曾经参与广岛任务，当"安诺拉·盖伊号"投下第一颗原子弹时，史维尼少校的飞机"伟大艺人号"尾随其后，投下了一系列用来搜集科学资料的感应器。

在前一天，小仓市已经遭过传统武器攻击。居民没有料到这次造成了2000人丧生的攻击，实际上却挽救了这座城市免糟更大的噩梦。

一架飞在"伯克之车"前方的气象侦察机回报，可以看见目标了。不过，轰炸机到达时，前一天攻击所造成的火灾仍旧冒着烟，加上大量云层覆盖，无法看清目标。云层密布的天空让史维尼无法看见目标，"伯克之车"开着炸弹门，在小仓市上空盘旋了3次。飞机的燃料快要用尽，因此史维尼决定转向备用目标——长崎。

在这个时间点上，史维尼的燃料储备量非常重要，他只有一次投弹的机会。仿佛这次任务可能必定流产似的，因为当天长崎上空也是云层密布。10点58分，投弹手在云层的裂隙中找到了目标，然后投下了那颗原子弹。

《纽约时报》的威廉·劳伦斯亲眼看见蘑菇云升空。同行飞机上的观察家"看见了巨大的火球仿佛从地球的内部升起，向前喷出一圈圈巨大的白烟……我们看见它朝上射出，像来自地球而不是外太空的流星。"

"胖子"这颗原子弹的威力胜过"小男孩"，而且它对这座城市造成的破坏性更大。浦上河两侧的山丘使得这座港口及历史区免受原子弹爆炸的冲击波影响，但是爆炸中心点的山丘却对浦上河谷造成极大的破坏，估计1.2万栋建筑因为这次爆炸及后续引发的火灾摧毁。"胖子"释放出难以置信的大约3982℃的热量。大爆炸所产生的闪光投射出阴影，而极度的热量将那些阴影蚀刻在墙壁和建筑物上。烧焦的尸体漂浮在河流里。

一名长崎幸存者的描述已成为美国史密森尼博物院陈列品的一部分，而且此段描述后来出版成书，他回忆道：

> "尸体堆得好高，高到无法再多堆另一具尸体。无论死活，无论男女，在堆积如山的尸体中根本分辨不出来……他们的头发被烧得卷曲皱起，衣服破破烂烂，然后某种漆黑的物质，像沥青，紧紧黏在他们的头颅和身体上。"

另一名生还者回忆，他看见一名男孩，呈跑步姿势凝固住了，像一座雕像。他身旁的树上有只死猫，"它的尸体包裹在烧焦且卷曲的毛皮中。它的尸体没有碎裂，也没有从树上掉下来，它用那永远闭着的眼睛望向男孩。"

官方公布的长崎死亡人数大约是7万人。每年的这一天，小仓市市民都会聚会，颂扬使那么多人逃过一劫的云层。

46　别低估了季风

　　奠边府战役曾被称为"小型的斯大林格勒战役"。奠边府的气候比较温暖，但是在第二次世界大战围攻战期间，一支入侵的军队却发现自己被团团包围，而且在军粮极少且敌人渐渐逼近的情况下，必须与大自然周旋。

　　在第二次世界大战末期，欧洲强权图谋在新世界中占有一席之地。对法国而言，这表示重申其在备受忽视的亚洲殖民地中的主权。日本的投降在此地区造就出一种新的权力平衡（或不平衡）。

　　越南皇帝保大从日本归来，宣布越南脱离法国独立。但是全世界都知道，日本没有地位，不足以在背后为其撑腰。由于法国仍旧处于厌战状态，越南民族主义领袖胡志明决定好好把握这个时机。胡志明相当清楚法国这个未来的敌人，他于1911年离开越南，在一艘法国邮轮上工作，因此游历伦敦和美国，并在法国定居了一段时间，在这里他才有机会于1920年成为法国共产党的发起成员。他继续在莫斯科研究革命策略，然后才回到故乡，成立中南半岛共产党。第二次世界大战期间，胡志明的独立运动"越盟"集结了一支军队对抗日军。这支游击队的将军武元甲，不但崇拜拿破仑，而且曾经研读过拿破仑的战略。

　　1945年9月，胡志明宣布成立越南民主共和国。起初，胡志明同意越南民主共和国是法兰西联邦的一个自治邦，但是这样的和平关系并未持续多久。1953年11月，亨利·纳瓦拉将军及其军队降落在位于越南最大河谷的奠边府。奠边府坐落于低矮山脉之间的一块丛林地，只有一条像样的道路贯穿此区。因此，法军认为这是最完美的作战基地，因为任何进出的大军必须经过这里。法军当然没有料到越军会绕过这条道路，徒手将火炮拖到山上。

　　法军待在中南半岛的时间已经长到足够了解当地的季风——或者他们自以为已经很了解当地的季风。"季风"的英文"monsoon"源自阿拉伯语"mausim"，意思是"季节"。影响东亚的这些"季风"是交替的，春季和夏季的风来自南方或西南方，秋季和冬季的风来自北方或西北方。第一组季风带来雨季；第二组季风则带来旱季。

在 11 月，季风为旱季并不是问题，虽然法军很清楚雨季来临时会挟带超过 150 厘米的降雨量，但是他们并不担心。他们遵循拿破仑和希特勒在莫斯科曾经采用过的那套逻辑：天气不会是战争的要素，因为在季节变更前，就会打赢那场仗。

纳瓦拉建立了一个有 1.4 万名军人的基地，而且根据理查德·卡文迪什在《今日历史》中所写的，还包括两个随军军妓团。"法军在河谷里建造了 9 座外围要塞，"他写道，"然后给 9 座要塞取了女性的名字，据说都是采用其指挥官夫人的名字。"

不过，显然法军很快就发现，他们低估了对手。武元甲有 5 万军力，配备了美式榴弹炮等武器，他们包围了奠边府，这意味着，法军只能从空中补充军备和粮食。

同时，胡志明的军队利用树林的矮树掩蔽，并将士兵和辎重设备移动到奠边府山丘面向河谷的斜坡上。树木搅乱了法国的情报，因为空中侦察只看到一片绿意，即便环绕法国外围要塞的斜坡都趴满了等待攻击的敌军。

纳瓦拉将军越来越担忧。春天的季风即将到来，而且他知道雨季会导致河水泛滥成灾。南佑河一定会泛滥，将法军营区一分为二，能见度极差，飞机只得停飞，通信可能会完全中断。一旦这种情况发生，法军势必完全孤立，没有救援物资，自我防御能力极低。位于河内的法军司令部了解纳瓦拉的担忧，但是他们认为，季风会阻挠越盟而不是自己的军队。

法国大部分民众还有其他事情需要担心。在与纳粹德国打过第二次世界大战后，他们还忙着重建国内的城市和经济，远方殖民地的这场小冲突并不会吸引法国人的注意。1953 年 5 月，一项针对报纸读者所做的民意调查显示，只有 30% 的读者持续追踪中南半岛的相关新闻。另一项在 1954 年 2 月所做的民意调查发现，只有 8% 的回应读者支持法国干预中南半岛。"在中南半岛战争持续期间，大部分时候，它都是一场'被遗忘的战争'。"历史学家大卫·德雷克如此写道。

1954 年 3 月 13 日，越盟开始展开围攻。那年的季风来得早，到了 3 月底，雨水淹没了法国的战壕。奠边府的防御用沙袋全部湿透了，变得沉甸甸的。许多地下碉堡突然涌入了洪流。污浊的水池也让法国士兵们染上了疾病。

就像纳瓦拉预测的一样，南佑河暴涨，淹没了法军的部分基地，淹掉了许多掩蔽壕。"受伤士兵的处境尤其悲惨，"纳瓦拉写道，"他们一个个被堆在全是泥泞、毫无卫生可言的洞穴里。"

厚厚的云层迫使法军的飞机不得不低飞，这样这些飞机就变成了越盟防空炮可以轻易瞄准的目标。然而季风对越南人似乎并没有造成多大的妨碍，随着植被越长越茂密，只会给越南人带来更多的掩蔽物，他们每打下或赶走一架飞机，就表示法军的医药和食物又少了一些。机场跑道危机四伏，飞机无法降落，必须空投食品和武器，有时候没投中目标，就变成资助敌方。3月，越盟占领了名为加布里埃尔和比阿特丽丝两处要塞，法军炮兵指挥官查尔斯·皮洛斯上校发狂了，拉响手榴弹自杀。到了4月底，法军的防守圈缩小至5平方千米。大约有2000名法国军人死于奠边府，另外6000人受伤或生病。越南的伤亡人数估计有1万。

1954年5月7日，饥饿、疲惫、被雨水淋得湿透的7000名法军终于向越盟投降。这些人中，只有约3000人挺过了战俘营的恶劣条件活了下来。这场战争终结了法国在中南半岛的政权，而且给全世界的殖民地国家带来了极大的冲击。

　　这是美国政治史上最有名的照片之一：总统当选人哈利·杜鲁门得意扬扬地露齿而笑，同时手中举着一份《芝加哥论坛报》，之上有个醒目的标题——杜威击败杜鲁门。专门搜集历史镜头的人士花费 900 美元购买这份预测失败的珍宝。

　　托马斯·杜威在那次总统选举中当然并未击败杜鲁门。《芝加哥论坛报》犯了相信民意调查资料的错误。那次民意测验显示，杜鲁门的胜算微乎其微。选举前一天，盖洛普民意测验预测，杜威会赢得 49.5% 的选票，而杜鲁门则拥有 44.5% 的选票。盖洛普·克罗斯利民意测验得到的几乎是同样的结果。埃尔摩·罗珀民意测验显示的预测更令人印象深刻，杜威的选票为 52.2%，杜鲁门的选票则为 37.1%。

　　那些民意测验专家怎么会错得这么离谱呢？当然有许多因素，历史学家已经讨论且辩论了好几十年。其中一个原因就是伊利诺伊州的天气。

　　长期以来政治就和天气有所关联，这可以追溯到靠刀剑而非选票箱赢得政权的时代。"campaign"（竞选活动）这个英文单词源自从前的军事词汇，当时军队在极寒冷的天气是不发兵的，只有在天气允许的时候才会大胆上"战场"。拉丁文中，"旷野"是"Campania"，而这个词逐渐变成 14 世纪英文中的"Champaign"（法国香槟酒是根据旷野区命名的，与"旷野"这个词源自同一个拉丁字根）。"Champaign"演变成"Campaign"，意指旷野的这个字隐喻着在旷野上进行军事操练，而且最后，这个意义扩充为动员大批人员的任何企图，政治上的"Campaign"（竞选活动）就是这样来的。

　　当人们开始通过选举选择自己的领袖时，天气的影响就变得不那么直接了。然而，恶劣的天气继续扮演着角色，妨碍竞选活动的努力成果，阻挠投票动机不够强烈的人们前去投票。当竞选十分接近时，就像 1948 年杜威和杜鲁门那次总统竞选，某些决定不冒险克服恶劣天气的人们，就足以改变选举的结果。

1948 年，民主党内部的分裂使得杜鲁门似乎没有希望在选战中获胜。当时产生了两支分立的政党，一支站在"左翼"的立场，一支站在"右翼"的立场。"左翼"是亨利·华莱士领导的民主进步党，华莱士及其拥护者认为，杜鲁门应该为与苏联之间的冷战负责，同时该派的总统候选人支持与苏联谈判，以减轻两国间的紧张局势。民主进步党的标语是："一、二、三、四，我们不要另一场战争"。

"右翼"则是南卡罗来纳州州长斯特罗姆·瑟蒙德和他创立的州权党。这个党派是在杜鲁门提出一系列保障非裔美国人拥有同等权利的措施后成立的。这些提案在所谓的"州权党人"或"南方民主党人"之间引起了极大的争议，杜鲁门宣布他的方案时，有 35 位代表退出民主党全国代表大会，自行成立党派。州权代表团并不期望赢得选举，但是希望赢得足够的选票，以影响众议院的当选席位，如此，他们就可以将选票转向反对公民权立法的候选人。

民主党所有这一切的混战有利于共和党的杜威。《纽约邮报》写道："民主党应该立即承认总统大选败给了杜威，并省下进行选战活动的资金。"杜威信心十足，以为一定会赢得竞选，因此发动的竞选活动非常温和。另一方面，杜鲁门展开了全国 5 万千米的"小镇"火车之旅并发表了数百场演讲。

民主党人常说，雨水偏爱他们，因为雨水对乡村（保守派）选民带来的挑战更胜过都市（自由派）选民。1948 年选举日当天就发生了这种事——位于密西西比河下游河谷的一个暴风雨系将雨水扩展至整个伊利诺伊州，南部更是下着倾盆大雨。不仅雨水弄脏泥土路的概率胜过都市交通运输系统，而且这场暴风雨本身集中在该州的乡村区，然而却绕过了芝加哥和以工业为主的伊利诺伊州北部。同时，一场太平洋暴风雨为加州带来大雨。雨落在共和党人占优势的加州北部，而民主党占优势的加州南部则阳光普照。

在伊利诺伊州、加州和俄亥俄州，2.9294 万张选票的差距——或者说全体选民的 0.28%——就可能改变大选的结果。伊利诺伊州和加州的雨起了决定性的作用。最后，杜鲁门赢得了 303 张选票，杜威获得了 189 张选票，而州权党的瑟蒙德获得了 39 张选票。

48 寒冷挽救了加拿大国家公园免受核污染

加拿大瓦普斯克国家公园的名称，源自加拿大克里族印第安人语言中的"白熊"。这座国家公园是全世界最大的北极熊繁殖地之一，平均每年有 190 只母熊在丘吉尔岬的海岸上生育幼熊。身为加拿大第七大国家公园的这片苔原，由羊胡子草、美洲落叶松藓等构成，是大片野生动物区的一部分。保留它是为了维持哈德森·詹姆斯低地的生态完整性。它也是鲸鱼观察家、植物学家和地质学者的重要研究基地，该区的考古研究者已经挖掘出与北美土著人及其游牧文明相关的重要信息，这里原为印第安人德内族和克里族的故乡，曾经是毛皮贸易的枢纽。要不是严酷的亚北极气候，瓦普斯克就会成为英国第一颗原子弹——2.5 万吨核能量的"蓝色多瑙河"试爆地点。

仍旧深受第二次世界大战困扰的英国，面对破碎的经济和欧洲可能发动对抗苏联的新战争的威胁，觉得如果将自己的核威胁力量留给盟国美国掌控（尽管两国有着"特殊关系"），就实在太不精明了。以其核前辈为榜样的英国人相信，只有采用大规模报复和保证对对方具有毁灭性威胁的方式，才能够为英国建立安全防卫措施。英国有许多有能力的科学家，其中许多对"曼哈顿计划"都有过重大的贡献。不过，核试爆也会是个问题，英国不同于美国和苏联，它没有人烟稀少的广袤地区，在不列颠群岛上显然无法安全测试核装置。

因此，英国转向外地寻找合适的地点。1994 年，英国撤销了一份 20 页文件"在丘吉尔区建立原子武器试验场的技术可行性"的机密等级，将这份在加拿大试爆的计划公之于世。这份计划是由加拿大防卫研究部的麦克纳马拉、英国供应部官员，以及被誉为"英国的奥本海默和库尔恰托夫"的威廉·乔治·彭尼共同执笔起草的。假如这份计划真的被执行，那么将有多达 12 枚的原子装置在现今的瓦普斯克国家公园内的布罗德河口附近地面或上空爆炸。当时，也曾经有人讨论将本区作为美国核试爆的地点。

第二次世界大战后，加拿大是当时重要的军事力量所在地，它拥有全球第四大的海军和配备完善的陆军和空军。就在提议试验场以东 8 千米的丘吉尔堡内，有 6000 名加拿大和美国军人。报告的作者认为，加拿大的这片区域"没有价值……是一片只适合打猎和设陷阱捕野兽的荒地。"他们表示，这个地方很理想，因为风向主要来自北方，而这一地点位于居住区的南面。

不过最后，英国人认为，曼尼托巴省的丘吉尔市实在是太寒冷、太令人不舒服了，那里的冰和雪使得要维护一条可靠的起降跑道都不容易。澳大利亚蒙特贝罗群岛温暖而宜人的气候则更有吸引力。

当然，做这样的决定还有其他因素。我们知道，当时在丘吉尔军事基地附近有苏联间谍出没。英国在加拿大进行核试爆，克里姆林宫不可能不知道，但是澳大利亚就足够遥远，能够躲过苏联隐藏的雷达。此外，澳大利亚总理罗伯特·孟席斯也给了英国人许多方便。根据主持澳大利亚皇家调查委员会调查这些核试爆之影响的詹姆士·麦克莱兰的说法，孟席斯"只说好"，甚至没有与他的内阁阁员商议就批准了。

假如加拿大变成了核试验场，这些试验不仅会破坏原有野生动物的藏身地，还可能会将原子尘吹向东南方的多伦多、蒙特利尔、纽约，甚至可能到达斯堪的纳维亚半岛。

结果，反倒是澳大利亚成为英国第一枚核装置"飓风"的试验场，该枚核装置于 1952 年 10 月 3 日在特里穆伊岛外英国海军军舰的船身内部爆炸。到 1958 年英国完成其在澳大利亚的核试爆时，爆炸的核子装置有 12 枚，而且还执行过数百次涉及放射性物质的"小型试验"。

一般认为，对澳大利亚全体居民影响最大的测试是在澳大利亚南部维多利亚大沙漠中执行的第一次测试系列"水牛行动"。在这次测试之前，刊登在 1956 年 5 月 16 日《阿得雷德广告报》上的一则新闻引述了提特顿教授的话：

> "由 6 位科学家组成的澳大利亚安全委员会持续审查了这个危险问题，该委员会负责选择试爆时间，以及有利的天气情况，不会对澳大利亚大陆上的生命和财产、海上的船只或天空的飞行器造成损害。"

24 年后，同一家报社报道，事实上，当阿得雷德市这些测试造成的次级辐射尘向南漂移并随着雨水降到该市 51.8 万位居民的身上时，居民们接触到了分布广泛的原子尘。1980 年的一份报道提到，阿得雷德测得的核辐射水平是标准水平的 900 倍，不过报道声明："就对人类健康的影响而言，这样的水平非常低。"

　　并不是每一个人都同意这项声明。自称健康受这些测试影响的英国和澳大利亚维修人员，多年来一直努力向英国政府要求补偿。1984 年的一份报道指出，马拉林嘎试验场严重危害了马拉林嘎恰鲁恰土著人社区，而他们收到了大约 900 万美元以补偿他们在土地方面的损失。

　　最有名的潜在原子尘受害者可能是英国前首相布莱尔。小布莱尔 3 岁时，与他的家人一同住在阿得雷德大约距某测试地点南方 563 千米的地方。没有预料到风向改变，导致辐射云吹向阿得雷德，这位未来首相的母亲黑兹尔·布莱尔与甲状腺癌长期抗争，在 19 年后去世。根据英国医学研究人员迪克·范·斯蒂尼斯的记录，罹患这种癌症主要是因为暴露在原子辐射尘中。"从小就在阿得雷德喝当地的牛奶，"斯蒂尼斯告诉《公报》杂志，"布莱尔本身很可能罹患骨癌。"

　　后来布莱尔的一位发言人驳斥了这一说法，他表示："这听起来好像那个愚蠢的季节比我们想象的还要长久些。"但这番否认并没有使这则逸闻在全球新闻线上销声匿迹。

49　高温是汽车城的火药箱

　　"1967 年我不在这里，但是我听到许多故事……"美国底特律市长夸姆·基尔派瑞克 2004 年这么告诉利文斯顿经济学会，"我相信，当时发生了某件事，一戏剧性的巨大转变发生在密歇根州东南部，而且我们再也无法恢复它。"

　　1967 年夏季，闷热的高温给底特律这座汽车城留下了长期的阴影。某些人称之为"爱的夏天"的那个夏季，也是一个充满不安和社会变化的夏季。底特律是当时美国第五大城市，美国汽车工业和黑人灵魂音乐摩城唱片公司（Motown Records）的根据地。20 世纪 60 年代初期，底特律吸引的联邦基金多过除纽约以外的其他城市，1966 年，底特律被《Look》杂志誉为"全美国的城市"。但是在其温和外表的掩盖下，存在种族和紧张的经济状态隐患，像只火药桶，只需要一点火花，就可以猛烈爆炸。而 7 月 23 日星期日的气温刚好是导火线。

　　许多研究显示，高温会影响人的个性。格拉摩根大学的兰斯·渥克曼博士发现，高温会影响人脑释放血清素的浓度。其他研究也指出，当脑部受热时，下丘脑（管理体温的自主神经中枢）也会产生额外的肾上腺素。如果在凉爽天气可能造成的争执，在天热的时候则有扩大的趋势。在美国，大部分暴动发生在气温介于 23℃～31℃的时候，这样的气温暖到足以增加紧张度，但是又还没有热到令人昏昏欲睡、不想起来打斗的程度。

　　1967 年那个酷热的夏天，突然在美国掀起了一场因种族而引发的暴动，包括发生在克利夫兰和纽瓦克等城市的 164 起事件；但是就长期影响而言，没有一起事件像发生在底特律的 5 天灾难那样具有极大的破坏性。那 5 天的灾难造成了 43 人死亡，7300 人被捕，以及 6000 万美元的财产损失，全市遭破坏的建筑物超过 400 栋。这些事件只是扩大了社会问题，激起并加深了种族问题和经济的分裂。

套用作家艾伯特·李的话，底特律是"一座指甲下方含着油脂的城市，而且它的空气里有明显的汽油味。"底特律是一座汽车工业城市，在 20 世纪 40 年代吸引了移民、非裔美国人以及其他少数民族前来当地充满就业机会的工厂工作。

虽然底特律欢迎工厂劳工，但是底特律的白种人并不见得欢迎黑人进入他们的地盘。在 1948 年 5 月 3 日美国联邦最高法院裁定住宅种族公约违反宪法之前，邻里间还是由官方法令执行种族隔离政策。有趣的是，这个案例的原告并不是非裔美国人，而是一对白人夫妇控告他们的黑人邻居，声称他们的黑人邻居没有权利住在隔壁。

当最高法院裁定禁止种族限制时，底特律的《自由新闻》用"少数人种移居底特律备受质疑"这样的标题，试图平息白种人的恐慌。

讽刺的是，这座汽车城被汽车革命造就出来的力量狠揍了一顿。20 世纪 50、60 年代的高速公路建设永远改变了底特律的架构（底特律的主要干线都是以克莱斯勒、福特，甚至劳工领袖沃尔特·鲁瑟的名字命名）。在鼓励拥有汽车的城市里，有效的大众交通运输系统永远是不够的。就这样，道路十分拥塞，而郊区生活似乎变成了另外一种选择，吸引着越来越多的底特律中产阶级。

一条公路干线横穿市内名为"黑底"（这个地名中的"黑"跟非裔美国人无关，是源自 19 世纪当地肥沃的土壤）的非裔美国人社区中心。被迫离开原居住地的黑人居民移往市区绝大部分是白种人居住的第 12 街区。虽然他们可以正式搬迁到任何地方，但是非官方的邻里政策却清楚地表明，黑人还是在某些地方不受欢迎，第 12 街区是非裔美国人觉得他们可以搬去的地方。"黑人乡亲其实打心眼里要说的是：'唉，我们哪里也去不了。'所以，大伙儿只好继续挤成一堆。"底特律人刘易斯·寇尔森这么告诉《密歇根市民报》。随着越来越多的黑人搬入此区，搬出此区的白人也就越来越多。20 世纪 50 年代期间，底特律的白种人人口减少了 23%；到了 1967 年，该市人口有 70% 是白种人。

这表示，就平均而言，这座城市其实种族隔离的状况并不像其他大城市那样严重。事实上，当其他城市发生种族暴力事件的时候，底特律被视为是种族和平的楷模。社会科学家造访了底特律，目的是学习该如何更完善地处理都市的种族问题。1967 年 3 月,《新闻周刊》杂志将底特律市长杰罗姆·凯文诺和纽约市长约翰·林赛一同列为美国极具政治前途的首选市长,据说天气晴朗的时候,凯文诺看得见白宫。司法部的法律实施协助署指定底特律作为美国的警民社区关系楷模。但是底特律的非裔美国人并没有把自己的命运与其他大城市的黑人相比,他们眼中看到的是自家的邻居——也就是底特律的白人——而且许多人并不满意自己亲眼看见的一切。

根据官方报道,1967 年 7 月 23 日星期天"极度闷热":白天气温一直维持在"近 40℃",当夜,底特律警方突然查抄了位于第 12 街区上一家非法卖酒的酒吧(这类酒吧在下班后营业)。这类非法酒吧的日子不好过由来已久,当时一般的餐厅和酒吧并不让黑人入内用餐饮酒。1948 年后,法律变了,但是习惯并没有改变,这类非法酒吧是中产阶级和工人阶级之间紧张关系的来源。合法的酒吧老板必须为酒牌等项目付费,因此把这类非法酒吧视为对己不利,经常抱怨这类酒吧。经常上非法酒吧的黑人工人阶级,常常遇见备感优越的白种人警察硬把自己的社会价值观强加在他们的身上。

警方当天并没有随便逮捕几个人并勒令该非法酒吧停业,而是逮捕了在场的每一个人(共 82 人),然后将这些人抓到炎热、潮湿的户外,等待增援的警察前来。假使当天晚上凉爽些,也许大家的头脑会冷静一点,但这一晚恰恰热得令人发昏,可以说是如同在过度拥挤、没有空调的公寓里辗转难眠的那种夜晚。这表明,将会有比平时更多的人在清晨 4 点钟还醒着,他们听到街头的骚动声音从敞开的窗户传来。有一群人聚集了过来,然后逐渐增加成好几百人,他们的脾气越来越暴躁。暴力行为首先从砸玻璃开始,砸的是警车车窗或是商店玻璃窗。可以确定的是,暴力行为迅速蔓延,整座城市里到处都是抢劫、放火,据统计,最后有 14 处街区被烧掉。虽然知道其他地方发生暴动的底特律警方早已拟定应对这类紧急状况的计划,但是在想要动员的时候却没法动员起来,一部分原因是当天是个炎热的夏天周末,许多警官出城去享受郊外时光了。

整个局面很快失控,警方不知所措,于是召集联邦军队进城,这是第一次派出联邦军队遏止城市暴动。到了星期五,在城里巡逻的有 4400 名底特律警察、8000 名国家卫兵、4700 名联邦军队士兵以及 360 名州警察,加上来自加拿大安大略省温莎市的消防队员协助。当浓烟消散时，有 43 人死亡（其中 30 名是被警方或军方射杀的），7300 人被捕，2700 家商店遭劫掠。一位抢劫者在记者问他喜不喜欢手上的新电视机的时候说道："不怎么好，我在它上面看到的第一个画面就是我在偷这个该死的东西。"

随暴动而来的是从底特律到郊区的"白种人出走"，且以疯狂的速度激增（其中不乏许多黑人）。商家和老板们逃离底特律市，从 1970 年到 1990 年，底特律流失了 36% 的工作机会，第 12 街区长廊的商人几乎没有一个再返回底特律。20 世纪 70 年代，住宅及都市发展部收回数万间被遗弃的住宅，到了 1976 年，住宅及都市发展部拥有该市 1.7 万栋建筑物，这个数字远远超过它在纽约、芝加哥和洛杉矶拥有的建筑物总和。该市人口也从 160 万骤降至 100 万。

虽然在 20 世纪 90 年代初期，底特律展开了一波新的发展计划，但是底特律还有很长的一段路要走，才能克服 1967 年 7 月那天的影响。诚如密歇根大学历史教授西德尼·费恩告诉《美国新闻与世界报道》杂志的那样："今天，如果有人能够来到底特律并重建 1967 年的环境，这个人一定会被称为奇迹人物。"

50 制造季风

"历史上没有一场战争像在东南亚那样,天气的决定因素在作战计划中扮演着如此重要的角色。"克雷顿·艾布拉姆将军在 1968 年写道。在作战情报计划中,许多地区都要将天气列为主要考虑因素,越南的溪山、阿肖谷不过是其中的两个地方。

当美国派兵进入越南时,已经知道法国在中南半岛的经历,但是他们相信自己不会遇到同样的问题。毕竟,美军是全球最强大的军队之一,拥有卓越的技术。美国国防部有最优秀的研究人员和科学家,还有一支气象小组,专门用于确认一切都按照计划进行,如此,每场战争都会在天气状况最佳的情况下进行。

那些不满意仅仅预测天气的战略家,首次尝试将大规模的天气控制作为军事策略。然而到最后,美国才发现,尽管拥有这一切先进的科技手段,决定一切的操控者还是大自然。

尝试控制天气并不是新鲜事,最早尝试控制天气的方法包括使用大炮和教堂的钟声。符合科学的解释如下:雨一定会出现在雷声之后,因此,极大的声响必定会导致下雨。这种极大声响和雨水的相关性衍生出两种矛盾的看法:其一,战争会导致下雨;其二,对暴风雨开炮,可以解除暴风雨。

1871 年,芝加哥的土木工程师爱德华·包尔斯出版了一本名为《战争与天气——人工降雨》的书籍。他督促美国政府提供资金研究"一种定义明确的方法,让雨水能够'听话'地落下来。"也就是说,一系列大炮彼此相对排列,可以创造出暖气流和冷气流。

19 世纪末,美国气象局和农业部分别投入资金进行将爆炸物射入云层以释放云中雨水的实验,《芝加哥时报》认为,"这些钱如果花在尝试用猪尾巴建造汽笛,可能不会花得那么可笑。"

1916 年,圣地亚哥市饱受旱灾之苦,于是转而求助一位著名的造雨专家,这个人用一种有恶臭味的化学混合物吸引云层，他在洛杉矶搅拌了一大桶这样的东西，然后洛杉矶下了雨。他在圣地亚哥故伎重施，结果成功得过了头，不只下了雨，还是倾盆大雨，那阵暴雨不但彻底摧毁了农作物，还有人因此死亡。查尔斯·马勒雷·哈特费尔德不仅得支付赔偿金，还被迫一生逃亡。

1946 年，通用电气公司雇用了一名中学退学生文森特·史查佛，飞到纽约斯克内克塔迪的云层上空，将 2.7 千克重的干冰倒进云层里，因此下了雪。一年后，史查佛与诺贝尔化学奖得主欧文·朗缪尔试图改变威胁佛罗里达海岸某飓风的行进路线，他们往飓风的中心眼里倒进了近 270 千克的干冰，而且正如他们所料，那个飓风改变了行进方向。这原本可以是一次完全成功的实验，不过改变后的新路径使得飓风在佐治亚州的萨瓦纳受阻，造成当地约 500 万美元的损失。

无论如何，这些尝试远比整套没成功过的大炮理论更有作为。到了 20 世纪 50 年代初期，云种散播变成了司空见惯的事，整个受干旱侵袭的美国西部都有商业化的云种散播业者营业。最常用来进行云种散播的化学物质包括碘化银和干冰。于是诞生了如"天电"和"天气更好"等私人天气公司，军事战略家很快建议在军事武器中加入改变天气这一环。1957 年，某咨询委员会向艾森豪威尔总统建议，控制天气可能变成了"比原子弹更重要的武器"。

当然，美国将军并不是唯一想到这一点的人。在苏联，科学家们也在找寻运用激光技术改变天气的方法。英国解密的文件透露，1952 年 8 月，某暴风雨在仅仅 21 小时内降下了 22.9 厘米的雨水，这场暴风雨发生在一次秘密的造雨实验之后，实验中，军方将碘化银粉末散播到云层中。这场暴风雨造成洪水泛滥，横扫海滨城市林茅斯，毁坏了多处桥梁、建筑物和道路，并造成 34 人死亡。

另一份解密的报告描述了美国在 1996 年所想象的未来天气控制计划。这份名为《天气是军事力量的倍增器：在 2025 年掌控天气》的报告中描述，运用吸热粉末进行云种散播，利用微系统科技手段触发闪电，并利用激光清除雾气和云层。

这些都只是理论，但是在 1966 年，越战期间美国有机会运用高度机密的"突眼计划"来实践某些构想。这项军事行动的目标是越南人所谓的"长山战略补给线"，也就是美国人口中的"胡志明小道"。这条小道蜿蜒穿过老挝、柬埔寨和越南的北部，是越南北部的主要军事和补给路线，并不是你心中所想的超级公路。1965 年，当"突眼计划"还在概念成形的阶段，这条小道是一条狭窄的泥巴路加上一系列摇摇摆摆的竹桥，连印第安人琼斯都要仔细考虑该不该过桥。在潮湿的季风雨季，整条路线大部分都难以行走。

越南人认识到这条小道的重要性，而就在美国设法毁坏这条小道的同时（轰炸算是比较有分寸的行为，但是补给品还是照样穿过小道送达越南人的手中），越南人正努力改善这条小道。他们昼夜施工，用岩石、石头或圆木覆盖路面，还发明排水系统让这条小道在雨季保持适度干燥。每次美军一轰炸，越南人就把路面上的坑洞补好，于是补给品继续运输。

以传统方法毁坏这条道路，美国人占不到便宜，于是就改变思路制定出"突眼计划"，目标是延长季风季节。

从 1967 年到 1968 年，飞过胡志明小道上方担负改变天气任务的飞行次数超过 1200 次。WC-130 气象飞机投掷了碘化银或碘化铅照明弹到大气中进行云种散播，然后目标区的降雨量增加了大约 30%。此外，他们还从货机上撒盐，使美国机场跑道上的雾气减少，这项工作在机场已经司空见惯。

这些尝试是否成功得取决于你看的是谁的报告。不管成功与否，大多数分析家都不相信它们会在战争的结果中扮演重要的角色。

"当你步履维艰地涉过深及脚踝的泥泞时，"吉姆·威尔逊在《大众机械》中写道，"多走一厘米可能没什么太大差别。"

在整个越战中，士兵与天气和地形搏斗的次数不下于和敌人交战的次数。水汽和雾气使空中支援和补给无法进行。在雨季，湿透的士兵步履维艰地涉过泥泞，但是"干"季的"干"只不过是相对而言的，雨水不是由天空降下来，而是悬挂在空气中的湿气，就像置身于桑拿房里。士兵们每天吃下大量的药丸，但还是饱受腹泻和疟疾之苦，以及中暑、脱水和疲劳的折磨。

美军驻扎越南期间遇到的最奇怪"天气"现象之一，是一场黏黏的黄雨。士兵们急忙跑去拿自己的防毒面具，以为遭到化学攻击。结果是一颗颗大大的蜜蜂粪便如轰炸般掉下来。黄色大蜜蜂（Apis dorsata）是一种热带蜂种，它们处理酷热的方式就是集体飞到丛林上空，一起排便，然后再飞回蜂窝。它们这种行为会使整个蜂群不至于过热。

就像奠边府战役一样，天气在溪山战役中也扮演了重要的角色。溪山的美军基地坐落在遥远、孤立的山区高地，由 6680 名海军陆战队队员防守，每天需要约 235 吨的食物和补给品，因此空中补给相当重要。美军司令部非常熟悉东北季风来临期间当地糟糕的天气状况，可以想象到低矮的云雾和极差的能见度，但是司令官还是觉得，只要天气维持常态，一切还是会成功的。

不过，1968 年的冬天，溪山的天气并没有维持常态。空中云层覆盖的厚度比平常厚得多，大部分日子里，大雾使能见度降低，恶劣的飞行条件威胁着海军陆战队员的生命。"许多个早晨，即使是能见度极佳的时候，飞机跑道仍旧裹在雾气里，"一名官员在报告中提到，"飞机跑道东端的一座深谷似乎该负责任，温暖、潮湿的空气从低地吹到高地上，在这里遇到冷风，突然冷凝，因此产生雾气。"陆战队员替这座深谷取了个绰号，叫作"雾气工厂"。这些条件加上越南人的防空炮火，使大部分的美军补给交通瘫痪。

溪山的主要战役开始于 1968 年 1 月 21 日。越南人的炮火猛击美军营区，但是因为晨雾的关系，陆战队员无法确定发射的位置。飞机跑道受损，好几架直升机被摧毁，燃料储存区陷入一片大火，1500 吨军火的主要堆放区爆炸。

整个围攻的过程显然是非常熟悉的。"我不想要任何该死的奠边府。"约翰逊总统说道。"一篇报上文章继续报道，参谋首长联席会议曾向总统保证那座基地不会陷落。"溪山战役退役的士兵坎普这样写道，他后来又补了一句，"没有人问过我们的意见。"

越南军队先是齐射式攻击，然后是每天持续轰炸溪山。补给飞机降落时危险万分，于是美国空军改变作战策略——使用降落伞将托货板从飞机上空投下来。乌云密布的天空甚至令这套系统大部分时候都行不通，医药用品等易碎货物则没办法用这种方式投送。

"由于溪山四周包围了估计有 2 万～ 4 万的敌军，因此所有眼睛全转向天空：美军期待空中补给，越南军队则注意像死神一样从天而降的 B-52 轰炸机、武装直升机和空中轰炸战术，"军事史学家哈罗德·温特斯在《与天气作战》中写道，"对双方而言，天气才是关键。"

整个 1968 年 2 月和 3 月，与云层的交战持续着，空中补给有时候因大雾而停飞，有时候又可以重新补给。到了 3 月底天空晴朗时，美军策划了"飞马行动"，安排这项任务的时机恰巧与东北季风期的停止不谋而合，而且设计此项任务的目标是解除这次围攻。4月1日当天，联合军队、陆战队员和南越军以温和的抵抗方式朝溪山挺进。他们于4月2日到达溪山，且一直作战到4月14日，第二天，行动正式结束。就战略性而言，溪山战役是失败的，但是就心理层面而言却是胜利的，因为大部分的美军都逃过了法军在奠边府的命运。

"事后反思，可以说热带丛林是最难战斗的环境之一，"以电视台记者身份采访越战的埃里克·德史密特如此写道，"极度的高温与持续的湿气会击垮人体，雨水培育出成群致命的昆虫……这些因素是比黑衣军团更难缠的敌人。在丛林中和东南亚的稻田里，大自然控制着一切。"

51　人类的祖先：露西和她的朋友

　　整个考古学界都与大自然息息相关。当年突如其来的洪水和暴风雨埋葬并保存了骨头和化石，而同样，突如其来的洪水和暴风雨又在多个世纪后揭露了这一切，为科学家和历史学家开启了一窥过去的新窗口。虽然许多考古发现都是苦心研究的结果，但是有些与运气及天气是否适宜有极大的关系。

　　以露西为例。1974年12月，考古学家唐纳德·乔纳森与他的研究生汤姆·格雷在埃塞俄比亚的哈达尔寻找化石。当他们沿着一座小峡谷往前寻找的时候，在一片刚刚遭受洪水肆虐的地区，发现了一块突出的骨头。这块在沉积物和火山灰之间隐藏了几百万年的骨头，不过是个开端。乔纳森和他的团队挖掘了3个星期后，发现了几百块骨头，所有这些骨头全都属于人类的一位女性祖先。科学家给她取了个名字，叫"露西"，这个名字源自《露西在星光闪烁的夜空中》这首歌曲，不过，露西正式的学名叫作"非洲南方古猿"。

　　这副露西的骨骼可以追溯到大约300万年前，是目前已发现的那个时期最完整且最古老的人类骨骼。露西身高大约1米，直立行走，这开启了科学界讨论人类何时及为何开始直立行走的新话题。

　　"如果我再等几年，"乔纳森在他的著作《露西：人类的开端》当中写道，"下一次雨水可能会将她的许多骨头沿着小峡谷往下冲刷……最令人难以置信的是，她最近才出现在地球表面，可能是在去年或两年前。再早个5年，她可能还埋藏在地底下。5年后，她可能就不见了。"

　　猛烈的冬季暴风雨同时使我们对美洲土著历史和文化加深了解。多年来，美国华盛顿州立大学的理查德·多尔蒂一直在被遗弃的沿海村庄奥吉特挖掘被埋葬的遗骸，他逐步试着将曾经居住在这块土地上的马卡族印第安人的历史拼凑起来。马卡族人的后裔告诉多尔蒂一则山崩埋葬了整座村庄的故事，多尔蒂一直无法确认这则故事，直到1970年，大自然伸出援手，一阵暴风雨将海浪卷上奥吉特的海滩，冲走了堤岸。

土壤下方埋藏着可以追溯至哥伦布到达新大陆时的大批文物。有木头和骨头制作的鱼钩、鱼叉，一根用来划独木舟用的船桨，一顶编织的帽子，以及镶嵌盒子的一部分。这些物件目前都存放在马卡部落委员会筹建的博物馆。

幸运的是，两位非科学家无意间发现了一具石器时代的尸体。1991 年 9 月一个特别晴朗的早晨，背着背包旅行的德国籍登山者赫尔穆特和爱丽卡正走在奥地利和意大利边境交界的山区。他们迷路了，然后在融化的冰雪中看见一具死尸。他们以为这是一名现代登山者的尸体，于是请来了救护队。当救护人员削凿冰块，将这具尸体挖掘出来的同时，还发现了许多物品，很明显这位登山者比大家最初猜测的年纪要大许多。

事实上，这具男性尸体可以追溯至公元前 3300 年。尸体一直被冰封保存着，直到一阵来自撒哈拉沙漠的尘土落下，然后在 1991 年，一段不寻常的温暖时期融化了冰块，将这位"冰人"带回地球表面。因为发现这位冰人的地点是在奥茨塔尔阿尔卑斯山，因此便将他取名为"奥茨（Ötzi）"。冰人奥茨独特的地方在于他保存得极为完整，包括衣着和工具都未受损伤，这使学者们可以进一步了解冰人奥茨的生活、文化和社会。

这一整套独特的环境给了我们一扇可以一窥历史的窗口。在奥茨死后不久，他的尸体一直被白雪覆盖，这使得食肉动物没能接近他。然后冰川覆盖了奥茨，将他冰封埋葬起来。通常冰川会毁坏其路径上的一切，但是奥茨的尸体却掩蔽在中空的岩石里。

更令人惊讶的是，就在两位登山者经过的时候，冰层反常解冻，奥茨被发掘出来。诚如一位评论家所写的："过去 5000 年来，发现冰人的机会只有 6 天。"

52 沙漠风暴使 "鹰爪行动" 失败

它的名字叫 "哈布"，源自阿拉伯语的 "现象"，是一种干旱的沙尘风暴，行进速度达每小时 80 千米。附近大雷雨造成的向下气流带起了沙粒，创造出一道高达 914 米的沙砾墙。在风暴来源附近，能见度几乎为零。空中沙雾弥漫数日，等沙雾终于落下，往往会覆盖住路径上的一切。

"哈布" 风暴发生在全世界许多地方的沙漠区，尤其是非洲和中东地区。分隔伊朗和伊拉克的扎格罗斯山脉会产生足够的上升气流，在波斯湾上方制造出对流风暴，尤其是在伊朗沿岸。预测这类风暴比预测许多其他类型的暴风雨要困难得多，有一个事实——就是解救被扣押在伊朗当作人质的美国公民——可以说明这类风暴对美国某项秘密任务造成的惨重损失。

1979 年 11 月 4 日上午 10 点 30 分，3000 名武装学生袭击了位于德黑兰的美国大使馆，并劫持馆内的 66 人当作人质。这群学生最后释放了几名妇女和非裔美国人，将剩下的 52 名美国人囚禁起来。武装学生们要求美国遣返在 1 月因为身体不佳离开伊朗的礼萨·巴列维国王以接受审判。当时美国总统卡特以医疗为由，允许巴列维进入美国。

巴列维是 1941 年至 1979 年伊朗的独裁统治者，只有 1953 年首相穆罕默德·摩萨台推翻巴列维的那段极短暂时期除外。当时巴列维重获政权就是因为英国军情六处和美国中央情报局的协助。为什么这些西方强权希望独裁者继续掌权呢？因为巴列维倾向西方，而且更重要的是，伊朗有丰富的石油资源。

巴列维的功劳在于使伊朗大幅度实现现代化，以及引进许多取悦他的西方盟友但是激怒基本教义领袖的改革。他强迫平民百姓改革，只要有人出言反对改革，就会遭到逮捕。他用巨额资金购买军事设备，1979 年伊朗花费 40 亿美元购买美国武器。20 世纪 70 年代中期，石油价格暴涨，伊朗境内迅速通货膨胀。相比之下，巴列维的挥霍浪费变得更加明显，他拥有好几座皇宫以及许多海外房地产，他给予官员有利可图的国防契约，让官员们中饱私囊。

巴列维越来越不受欢迎，不仅不受基本教义派的欢迎，"左派"人士和非宗教的国家主义者也都不喜欢他。这些人都同意要求巴列维以及影响巴列维的西方强权滚出伊朗。1979 年，由阿亚图拉·霍梅尼所领导的反对派将巴列维赶出了伊朗。此时掌权的霍梅尼把驱逐西方势力合并在伊朗境内建立一个伊斯兰国家作为他的目标，他有办法激励国内各派系，使其相互团结，抵抗共同的敌人——美国。

这直接导致 11 月 4 日当天俘虏美国人质事件的发生。起初，卡特总统尝试经由协商解救人质，但是 1980 年 4 月，谈判破裂。于是展开了一场救援行动，代号"鹰爪行动"。

德黑兰不是一个容易救援的地点，四周环绕着 1120 千米的沙漠和山脉，因此，救援行动必须是多阶段的。任务预计在两个夜间完成。救援小组预计从阿曼的集结待命区驾驶 8 架直升机，飞到德黑兰城外大约 80 千米的一个地区，名为"沙漠一号"。与 8 架直升机同行的还有一队固定翼飞机，这些飞机会将伞兵和备用油送到"沙漠一号"。

第二天，美国情报局会与这些伞兵会合，用卡车送他们到大使馆。一旦救出人质，就会将他们送到附近的一个足球场。8 架直升机会运着这些美国人，并将他们撤离至曼札利耶空军基地。整个行动不容许有任何出错的余地。幸运的是，气象预报人员表示，任务当天（4 月 24 日）将是晴天，加上满月，能见度极佳。不幸的是，气象预报人员错了。

这项任务一开始就不对劲，飞行不到两个小时，8 架直升机中就有 1 架因为设备问题而迫降。由另外 7 架直升机中的一架接送该直升机的驾驶人员，因此这架直升机落后整个队伍大约 15 分钟。剩下那 6 架飞在伊朗大沙漠上方 150 米处的直升机，与一场"哈布"风暴正面相遇，因此能见度低至 1600 米。那时的情况正如一位飞行员描述的那样："像飞行在一碗牛奶中"。

这些直升机驾驶员因为严禁以无线电对话，原本计划彼此间以视觉保持联系，但是在这种情况下完全不可能做到。这些原本一起行动的直升机，此时各自独立行动。

就在他们认为已经度过了最糟糕的时刻时，却又遭到第二个沙尘暴的猛烈袭击。这时，其中 1 架直升机的高度指示器发生了故障。这架飞机就飞在后方，但由于没有高度指示器告诉自己目前的位置，驾驶员分不清方向，因此这位驾驶员决定返航。具有讽刺意味的是，如果他继续飞行，大约再飞20分钟，就会离开沙尘暴。结果他反而从头来过，再次穿过两团沙尘暴。此时只剩下6架援救直升机。

剩下的直升机开始一架架到达预定会合的地点，每架都迟到50～90分钟。在"沙漠一号"行动中，另一架直升机又遇到装置故障，这样用于行动的飞机就只有5架，于是他们决定，任务不可能完全按计划继续执行下去。这些直升机补给燃料后开始返航，但是其中一架飞机激起了使人视线不良的尘云，并撞上一架C-130，两架飞机都坠毁了，造成8名美国人罹难。

这趟悲惨的任务影响深远。它使得里根指责民主党令国家军人素质下降的话语更具说服力。等到1980年美国总统大选时，美国人质已经被伊朗拘留了1年。人质危机造成的挫折影响了投票结果，选举当天，里根以51%的得票率击败卡特。里根就职的第二天，新总统宣布伊朗已经同意释放剩余的美国人质。这个时机令人怀疑（这一点从来没有人证实过），里根的选举活动运作曾经与伊朗人秘密进行某种协商，不让卡特在总统大选前在人质释放上获胜。更可能的原因是，伊拉克进攻伊朗（1980年9月），让伊朗人觉得不需要再关押美国人质了——他们有更大的问题要解决。

在国际上，许多政治战略家相信，在人质危机方面，美国没有采取果断且有效的行动从而使苏联有机会扩展势力，而且这是苏联进攻阿富汗的一个原因。开始时，苏联进攻阿富汗的兵力是3万人，最后变成10万人，然而随着伤亡人数的攀升，并没有成功的迹象。等到这场战争结束时，有1.5万名苏联军人及100万阿富汗人阵亡，普遍认为阿富汗战争是苏联垮台的主要原因。这场战争也给阿富汗人带来了长期的阴影，曾经团结一致反抗外来敌人的各个游击队势力，战后却很难彼此结合在一起。政治上的分裂使塔利班有机会兴起。

同时，仍旧在为伊朗危机感到难过的美国，虽然官方在两伊战争中保持中立，但是里根总统却为伊拉克开了后门。在"敌人的敌人就是朋友"的理论下，美国提供情报，并以贷款的方式给予伊拉克数亿美元，间接助长了两伊战争。撇开军国主义政策不谈，当时的萨达姆·侯赛因提倡自由教育，鼓励妇女接受教育，并提供新式住宅和卫生保健制度，刚好迎合西方的喜好。

两伊战争拖了8年，使这场战争成为20世纪时间最长的传统战争。1988年7月，在联合国明令停火的情况下，这场战争终于结束，此时，死亡总人数约有150万，然而伊拉克却未能夺取伊朗任何的土地，此时的伊拉克背上了巨额债务。借钱给伊拉克的国家当中，就有富有的小国——科威特，到了1990年，科威特的国家领袖要伊拉克还钱，态度比之前强硬，同时科威特正将过剩的原油大量送进原油市场并降低价格。萨达姆·侯赛因认为，入侵科威特可以结束这些问题。

伊拉克入侵科威特使得伊拉克的另一个邻国——沙特阿拉伯非常紧张。沙特阿拉伯接受了美国的提议，让美国保护自己的油田免遭伊拉克的觊觎。这触怒了出生在沙特阿拉伯的前阿富汗战士奥萨马·本·拉登，本·拉登原本希望让穆斯林游击队保护沙特阿拉伯。法赫德国王选择西方异教徒而非他的军队，令本·拉登大怒，这是本·拉登于2001年9月11日攻击美国的主要理由。假使1980年的某夜，大沙漠上方并未出现"哈布"风暴，谁知道今天的世界会有什么不同呢？

53 "挑战者"号失事

1986 年 1 月 28 日，美国佛罗里达州的卡纳维拉尔角特别寒冷，在这里，1月的平均气温是 8℃。这天早晨，温度计的水银柱陡降至零下 2℃，不过这个早晨的寒冷并没有浇灭教师、学生、家长们的兴致，他们排队进入露天看台，准备目睹美国国家航空航天局（National Aeronautics and Space Administration, NASA）的第 25 次航天飞机发射升空。他们的夹克上别着圆形的小徽章，庆祝第一位"太空教师"克丽斯塔·麦考利夫升空。这位 36 岁的教师，是从持续 10 个月的公开征选中选出来的。经过筛选的申请人超过 1.1 万，结果选出了这位漂亮、热情的平凡女性。麦考利夫将要在太空中教授两堂课，希望能告诉我们，置身在太空中是什么感受，并带回一些早期太空飞行的神奇经验，她即将代表我们所有人。这位谦虚的教育人士立即成为众所周知的名人，当她成为《时代》杂志的特写人物并接受美国有线新闻网专访时，她显得谦虚而兴奋。

"我希望给予大家普通人在太空中的看法，让大家明白，在那里有另外一种新的生活方式，"她在接受《麦克尼尔·雷勒新闻时间》节目访问时表示，"未来会有太空法律、太空商业，学生们必须为那样的未来做准备。"

里根总统甚至在他的国情报告中提到这位教师。在日期为 1 月 8 日的一份记录中，NASA 提出下列说明：

"今晚，在我对你们讲话的同时，一位来自新罕布什尔州康科市的小学教师（她其实是一名中学教师），正代替我们所有人踏上极限领域的旅游，她即将环绕地球轨道飞行，成为航天飞机上第一位平民乘客。麦考利夫的旅程将拉开序幕，开启 20 世纪 90 年代中叶其他美国人在永久载人的太空站上一起生活和工作的旅程。麦考利夫女士在太空中的这个星期，就是我们计划在未来一年内在太空中达到的成就之一。"

的确，1986 年还计划了另外 13 艘航天飞机的飞行任务，而且 NASA 正在举行某项新竞赛，计划选出太空中的第一位新闻记者。这样的新闻足以让你忘记苏联当时每年发射的火箭比美国多出很多。

一直到周日清晨，NASA 的官员都还不确定"挑战者"号的发射时间是否会因为天气状况而延迟。来自得克萨斯州的冷锋，甚至非洲的天气威胁着要停顿一切。周六的天气预报显示，在"挑战者"号发射期间，该区有可能会下雨，而且是大雷雨。阴沉的天空强迫 NASA 当天取消某些机员登上航天飞机训练的飞行活动。虽然预期冷锋要到周一才会完全过境，但是风暴云跟着移动，而且航天飞机仍旧准备在周日发射升空。

在火箭研究中，大雷雨是个严重的问题。火箭不仅会导电，实际上还会引发闪电冲击。一般的航空器是水平飞行，火箭则不同，是直直往上冲。它们穿越迅速变化的外环大气电场，火箭高度导电的金属外壳没有时间随着外在的条件调整，因此当火箭升空时，会拖曳着由导电的离子化气体所造就的长长烟云，这可是制造闪电冲击的绝佳条件。

首次观察到这个现象是在 1969 年"阿波罗 12 号"发射的时候。11 月 14 日，肯尼迪空军基地并没有预测当天会有闪电，但是"阿波罗 12 号"升空后不久，观察家看见"阿波罗 12 号"周围出现两道闪光。36 秒后，发生了短暂的电源关闭，不过任务继续执行，并没有突然停止。经过调查，NASA 断定是火箭引发了那两道闪电，"土星 5 号"火箭本质上就是个巨大的避雷针。

"当地面与云层中的电位差大到足以联结两电位之间空气的实质非导电间隙，就会发生闪电，"NASA 的一篇新闻解释道，"上升中的火箭，外表负载的电荷与其在地面时相同，而它的热排气烟云扮演了导线的角色，闪电就这样下传至地面。"

经过这次教训，NASA 安全条例规定，如果在发射台的 8 千米范围内监测到闪电，就必须中止发射。然而这项预防措施并不够，没有办法避免 1987 年 7800 万美元"阿特拉斯半人马座"火箭的损失。这支运载着价值 8300 万美元军事通信卫星的火箭，在失控倾斜飞行后必须销毁。当时在发射后大约 48 秒，监测到 4 道闪电——这支火箭触发的闪电冲击所造就的电场干扰了火箭上的电力系统。

1987 年 6 月，预定发射位于弗吉尼亚州华洛普斯岛的 3 支 NASA 火箭，目的是研究电离层上的闪电效应。闪电显然变得越来越重要。在 NASA 团队等待大雷雨经过时，闪电点燃了"猎户座"火箭和两支较小的测试火箭。原本打算用来协助科学家检查其追踪雷达的两支测试火箭，均发射升空并按照计划路线行进。另一方面，"猎户座"尚未升空到发射的角度，就水平发射出去，还好无人受伤——这支火箭飞行了大约 90 米，才坠入海中。

当然，进入太空只是一半旅程，载人火箭还必须载着火箭上的乘客回家。也就是因为这个原因，发射"挑战者"号时，才要将非洲的天气列入考虑。非洲的两座紧急降落跑道，包括位于塞内加尔共和国首都达喀尔的主要海外计划中断预降地点，可能都会在发射时因为非洲沙漠沙尘造成能见度降低而无法使用。在摩洛哥的卡萨布兰卡也安排了备用紧急降落区，但是预测人员预测，发射当天，这个地点的上空会有浓厚的云层覆盖。如果两个紧急降落地点都无法使用，太空旅行就必须延后。不过最后判定，当时的状况令人满意。

几位来自莫顿·塞奥科公司（制造"挑战者"号固态火箭推进器的公司）的工程师还是担心当时的天气，在发射前那个下午召开的会议中，这些工程师极力主张延后发射。他们没有足够的资料可以预测火箭马达接口在低温状况下会如何运作。航天飞机的两个固态火箭推进器，分别由 4 个部分组成，联结的方式是其中某部分的凸出区刚好装入另一部分的联结器。一个橡皮 O 型环和内含石棉的铬酸锌所构成的封泥在接合处形成密封状态，另有辅助环套扮演备用的角色。当固态火箭推进器点燃时，推进器的燃烧会产生极大的热量与压力。同时，来自液态燃料火箭的巨大驱动力会产生巨大的能量，使固态火箭推进器稍微折弯。只有 O 型环能够确保热气不吹出密封口。"挑战者"号发射前，在发射台上待了 38 天，在此期间曾经下了 17.8 厘米的雨，没有人能够确定这些状况会对 O 型环造成什么样的影响。已有证据显示，低温会导致计划外致命的结果，在前一年航天飞机发射期间，热气贯穿了推进器的一个主要 O 型环。在这种情况下就会启用辅助环，以避免热气外泄。

经过多番讨论，莫顿·塞奥科公司的主管们推翻了工程师的评估，建议在 1 月 28 日发射升空，时间仅从上午 9 点 36 分稍微延后至上午 11 点 38 分。麦考利夫带着儿子的青蛙玩具登上航天飞机，同行的机组人员有迪克·史科比、迈克尔·史密斯、罗纳德·麦克奈尔、朱蒂·雷斯尼克、埃利森·奥尼佐卡、乔治·贾维斯。发射时的气温仍旧是 0℃以下。

就在麦考利夫的父母仰望天空，为女儿身为"太空教师"而骄傲时，航天飞机升空了。一分多钟后，"挑战者"号爆炸。目击者凝视着天空，不确定这次爆炸是预期中的，还是发生了可怕的错误。读着公共广播系统上方电子数据的 NASA 技术人员从来没有面对这些状况的心理准备。"这里的飞行控制人员紧盯着当时的状况，显然是出现了重大的机能失常"。

"当然，重大的机能失常赔上了全体机组人员的性命。"美国《时代》杂志通讯记者艾伦·里奇曼写道。

这次不幸事件发生后，召集了一个委员会，组成人员包括第一位漫步在月球上的太空人尼尔·阿姆斯特朗，第一位上太空的美国女性萨利·莱德，还有曾经致力于"曼哈顿计划"的诺贝尔奖物理学家理查德·费曼。他们访问了 160 人，审阅了 10 万份文件，将所听的意见写成了 1.2 万页的文章。他们断定，寒冷的天气以及液态火箭推进器上的缺陷要为机组人员的死亡负责。

某些因为雨水造成的湿气可能进入了接合区并冻结，降低了 O 型环的弹性，因此无法容纳推进器产生的热气。照片证据显示，固态火箭推进器起火后一秒钟，右侧马达接合处冒出了一阵阵黑烟，这里就是 O 型环着火的地方。不到一分钟，就看到了火焰。因为空气动力的关系，火焰直接窜向外部油箱，贯穿外部油箱并切断外部油箱。氢气溢出，与氧气槽溢出的气体混合，导致大爆炸。固态火箭推进器沿着无人引导的轨道继续飞行，直到美国空军安全官将其击落，"挑战者"号太空舱从航天飞机脱落，掉入大西洋。调查委员会断定，爆炸时，机组人员应该还活着，而且在意外发生时，有些可能还意识清醒，但是当太空舱以每小时 331 千米的速度撞及大西洋并解体时，恐怕无人生还。一直到 3 月才找到机组人员的遗体。麦考利夫被埋葬在距离她任教学校 3.2 千米远的一座山顶上。

"挑战者"号爆炸原本可能会酿成更大的灾害，这艘航天飞机原本预定的下一次飞行是要运载 21 千克的钚，目的是为长途太空监测提供动力。氢气在佛罗里达州上空 16 千米处燃烧，可能会导致其中装有钚的铅盒破裂，使钚沿着海岸四处散布。

罗马人称之为"血雨",中国的《山海经》中称之为"触龙",欧亚人称之为"风之光"。因纽特人则相信那是天国的最高层,也就是亡者跳舞的地方。在北极天空出现的北极光,那些波浪,以及色彩交织而成的闪光,多年来一直令观察者着迷。现代气象学者与地球物理学家都知道,它是一种电磁风暴。

挪威奥斯陆大学的科学家简·霍尔特与 NASA 的克雷格·波拉克这样构想:在北极上方的电离层中放置一间自动化实验室研究极光。当时,他们并不知道此举可能会将世界推到全球热核战争的边缘。

在 NASA 资金和专门技术的援助下,挪威计划发射该国有史以来最大的火箭。"黑雁 12 号"是一支四段式火箭,是挪威史上发射过最大型火箭的两倍。它的设计是沿着弧形的弹道轨道航行 1500 千米。

"天气将决定何时可以发射。"挪威外交部部长英瓦尔德·哈福能事后解释为什么挪威无法给这枚火箭预定明确的发射时间。不过,挪威的确将时间缩小到特定时段,也就是会在 1 月 15 日和 2 月 5 日之间的上午 5 点到 12 点的某个时间发射,这就是挪威火箭研究主管告诉俄罗斯当局的消息。但是大家也知道,有时候,某人给你一则信息,而你忘了把它传递下去。这就是这个案例面临的情况,关于挪威发射火箭的这一段话并没有传到俄罗斯军方的总参谋部。

当这支火箭于 1995 年 1 月 25 日当天的世界标准时间上午 6 点 24 分发射时,俄罗斯的导弹攻击警报系统侦测到了。这次突如其来的发射显然源自挪威海,也就是众所周知的美国潜艇巡逻地点。这会是某种意想不到的突袭吗?由于没有进一步的信息,导弹攻击警报系统的指挥官根据受过的训练采取行动,他把这次发射当作真正的威胁。几分钟之内,负责管理俄罗斯总统叶利钦核公文包的军官就看见了警报灯闪烁,公文包中的画面显示:一枚可能的核导弹,目标不明。6 点 28 分,战略火箭部队导弹指挥部的电报交换机被叫醒过来。"核警报!非演习!"叶利钦总统打开那只核公文包,只要按下一个按钮,就能够发射 4700 枚战略核弹头，这是在整个冷战期间从来没有发生过的事。这是历史上"核公文包"头一次被切换成警示模式，它赐予一个人如此可怕的能力。

如果这是美国的一次攻击行动，那么随后势必发射大规模的潜艇导弹。如果俄罗斯要反击，时机就是现在，在许多核风暴所产生的电磁脉冲波使俄罗斯的所有电子设备动弹不得之前。可是现在，苏联解体 4 年后，美国为什么要攻击俄罗斯呢？如果叶利钦做错决定，最后势必付出极大的代价。

叶利钦仔细考虑针对即将射来的火箭采取反导弹措施，但是如果这支火箭真的是一枚核导弹，击落该导弹只会将核弹头内的炸药散布得更广，倒不如让它自然着陆。此外，地磁北极附近的电磁脉冲波，实际造成的影响会更大。几分钟后，"黑雁 12 号"的轨道偏离了莫斯科，而且清楚地显示，不会在俄罗斯境内着陆。叶利钦和俄罗斯的高级军事官员继续观察这枚全程 24 分钟导弹的剩余行程，直到该枚导弹降落在北冰洋中的斯匹次卑尔根群岛。

第二天，对这次千钧一发事件仍然心有余悸的叶利钦告诉听众："我昨天原本要首次按下一直带在身边的'小黑盒'按钮"。

由于冷战的保密状态，这是最有名的核事件，但却不是唯一的核事件。根据美国国防部出版的《1950—1980 年美国核武器相关意外摘要》报告，有 32 桩意外归类为"断箭"，意指核装置损失、烧毁、掉落或意外爆炸。还有归类为比较轻微的核意外事件，包括"弯矛""钝剑"和"空箭筒"。

1961 年和 1962 年，至少有 4 次，美国 140 万吨级核弹头的"丘比特"导弹，在其位于意大利的基地遭到闪电的袭击。闪电激活了热电池，而且其中有两个案例，部分武器已经装备完成。第四桩这类意外事件发生后，美国空军在其位于意大利和土耳其的导弹发射场新增了雷击导流塔。

1979 年，出现了宛如电影《战争游戏》（War Games）中的时刻，有一项训练计划被输入美国防空联合司令部的预测警报系统，而且被误认为是真正的大规模核攻击。1983 年，太阳风暴戏弄了苏联的预测警报卫星，使这些卫星误以为美国正在发动大规模攻击。

根据美国著名智库布鲁金斯学会的说法，尽管美苏双方在冷战的紧张局势中表现得很放松，但是都还是准备好了在几分钟内即可瞄准对方发射的核导弹。准备并发射美国核弹头所需要的全部时间是 22 分钟；对俄罗斯人而言，则是 13 分钟（造成这一差异的原因在于：俄罗斯的时间表是假设遭到美国潜艇发射的导弹攻击，而美国的时间表则是根据遭受俄制导弹的远程攻击）。

还好，专家相信，不可能出现真正的意外发射。不管双方的设备如何，掌权的领导人都不可能相信对方正在发射大规模无缘无故的第一次攻击。也就是说，在政治紧张局势加剧期间，只要不出现阴差阳错，都可以高枕无忧。

55　大自然并不会带护照

　　历史一再证明一个简单的事实：大自然并不会携带护照。雨降落在每个人和每样东西上，不管是下在富人或强者身上，还是下在穷人或弱者身上，都是同样的冷漠。套用美国著名诗人 E.E.卡明斯的不朽诗句："雪根本不在乎是否将它碰触到的一切染成柔软的白色。"

　　在这个由民族与国家构成的世界里，天气是伟大的平衡器，时时提醒我们，大家共享一个世界，而大气并没有边界之分。我们居住在小小的行星上，在这里，非洲的土壤冲蚀会影响着澳洲的降雨，纽约人行道上反射的阳光会导致乌兹别克的降雨。暴风雨系统从来就不认得超强大国，现在也没有准备认识超强大国的征兆。

　　虽然有雷达和空调设备，人造卫星和超导体，我们仍旧受到天气的支配，而且将来恐怕还是如此。尽管我们尝试过各种高尚（和不光彩）的手段来改变天气，但是对我们来说，这个环环相扣的系统还是过于复杂以至于无法掌控。

　　美国在实验改变飓风方向和在雨季进行云种散播的过程中学到，在小规模范围起作用的实验往往会创造出无法预料到的浩劫。试图控制某一地点的暴风雨系统，然而这个暴风雨系统却会在别的地方突然出现。

　　然而，不管我们需不需要，大自然的确会回应我们。现代生活的便利设施（其中许多的设计旨在保护人类免受恶劣天气的影响）影响着环境和天气。在缺乏绿色植物、到处铺设人行道的都市区，高楼大厦阻挡了风的移动，扩大了吸收阳光热气的表面区，结果造成了城市"热岛"效应。这一点在东京等大城市里表现得尤其明显，在这些地方，湿度高使气温升高的效应倍增。东京今天的气温比一个世纪前升高了 1.7℃。原产于中国南部亚热带气候的棕榈树出现在东京，而原产于印度南部和斯里兰卡的鹦鹉则成群飞过北方人的头顶。NASA 的科学家观察美国佐治亚州亚特兰大（又名"热的土地"）的人造卫星影像，发现市中心最热的部分，比市区周围高了 5.6℃，这样的差异会造成空气上升，形成大雷雨。如果你住在城市的东边，而某阵龙卷风向你袭来，你可能要感谢"热的土地"。

打开空调，试着解决高温问题，只不过让事情变得更糟。冷气机在冷却的过程中会产生热气这样的副产品，而且这种废热气会排放到室外。最新的研究显示，废热气使都市室外的气温增高了 2℃。谁说大自然没有幽默感呢？

这里还有另外一个例子，由于北方突然转冷，逃到美国佛罗里达州的所有雪鸟，其实正面临着冻僵的危机。20 世纪初期，种植柑橘的农民迁移到气候较不寒冷的地区，他们将湿地的水排干，将河流改道，然后意外地改变了气候。当湿地消失时，气温骤降了几摄氏度。那些湿地原本可以当作缓冲区，白天吸热，夜间散热。

如果要说这些历史和科学教会了我们些什么，那么应该是：我们既不是天气的主宰，也不是天气的奴隶，我们和天气紧密地结合在一起。这是一种围绕着地球上所有人类和所有生物的结合。我们可以试图忽略这个重要的事实，但是这么做却要承担风险，因为天气仍旧是天气，它才不管我们喜不喜欢呢！